众妙之门

JavaScript与jQuery技术精粹

[德] Smashing Magazine 著

吴达茄 芮鹏飞 译

人 民 邮 电 出 版 社
北 京

图书在版编目（CIP）数据

众妙之门：JavaScript与jQuery技术精粹 / 德国Smashing杂志著；吴达茄，芮鹏飞译. -- 北京：人民邮电出版社，2013.8
ISBN 978-7-115-31811-4

Ⅰ. ①众… Ⅱ. ①德… ②吴… ③芮… Ⅲ. ①JAVA语言—程序设计 Ⅳ. ①TP312

中国版本图书馆CIP数据核字(2013)第090241号

内 容 提 要

本书出自世界知名Web设计网站Smashing Magazine，其中的文章是来自全球顶级设计师的精华总结。全书共分为两大部分，第一部分阐述JavaScript的实战经验，共7章，内容涉及JavaScript初学者应掌握的知识，JavaScript代码复查的重要性，作者独创的七步测试法，JavaScript的十大秘密，如何避免在维护和移交代码时所发生的不必要麻烦，JavaScript动画教学，以及使用AJAX的关键技巧。第二部分介绍了jQuery的实战经验，共5章，内容涉及jQuery容易让人混淆的几个方面，如何使用jQuery和PHP GD处理图像，用jQuery制作书签，jQuery的插件模式，最后介绍了各种jQuery插件以及选择依据。

本书最大的价值在于其结合大量实例的生动方式，详细阐述了使用JavaScript和jQuery时应掌握的知识和技巧，以及作者通过实践掌握的各种秘诀，可帮助开发人员提升自身水平，向成功更近一步。相信广大读者读完这本书之后，一定会有一种相识恨晚的感觉。

◆ 著　　　[德] Smashing Magazine
译　　　吴达茄　芮鹏飞
责任编辑　赵　轩
责任印制　王　玮

◆ 人民邮电出版社出版发行　　北京市崇文区夕照寺街14号
邮编　100061　　电子邮件　315@ptpress.com.cn
网址　http://www.ptpress.com.cn
北京隆昌伟业印刷有限公司印刷

◆ 开本：880×1230　1/32
印张：6.75
字数：214千字　　　　2013年8月第1版
印数：1－3 000册　　　2013年8月北京第1次印刷

著作权合同登记号　图字：01-2012-7224号

定价：35.00元

读者服务热线：(010)67132692　印装质量热线：(010)67129223
反盗版热线：(010)67171154

前　　言

对于网站开发设计人员而言，在面对选择解决方案时做出正确的决定并不容易。不论是在建立复杂的网站应用还是在改进网站的过程中，都会有很多前期解决方案可供选择，有时选择最合适的一款方案至关重要。本书着重讲述了在选择相应解决方案时务必要注意的事项，即是否稳定并易于定制、是否有实用性并易于理解、是否具有可维护性、兼容性，以及功能的可拓展性。

本书重点阐述了检验代码的重要性以及在执行 JavaScript 程序时需要避免的问题。所选择的解决方案应能符合较高的编码标准并能够剔除常见错误。本书将会告诉你如何获得此类解决方案。其中一部分内容介绍了利用专家系统审核代码并检查是否有其他方法解决当前问题。

在本书中，你将会熟悉 JavaScript 基本动画操作的黄金法则，了解 JSON 作为一种数据格式与 JavaScript 函数（数学、数组、字符串函数）共同存在，了解一些快捷符号等。当然，我们还会提到触发网站应用的 JS 事件、匿名函数的执行、模块模式、配置信息，以及与后台的交互及代码库的使用说明。对 AJAX 感兴趣的读者可以获得与动态可搜索内容相关的知识。在本书的后半部分，着重介绍了与 jQuery 有关的重要内容，能够帮助读者对 jQuery 的应用有更加透彻的认识。

——Andrew Rogerson，Smashing Magazine 编辑

版权声明

目　录

第一部分
JavaScript 基础篇

初学 JavaScript 需知的七件事

第 1 章

Christian Heilmann

我很早以前就开始编写 JavaScript 代码，很高兴看到这种语言在今天所取得的成功，能成为这个成功故事中的一部分我很开心。关于 JavaScript，我写过许多文章、章节以及一整本书，直到今天我仍在寻找新的东西。下文是一些我工作学习过程中激动时刻的记录，大家与其守株待兔，不如自己尝试去体会这种感受。

1.1　缩略标记

在创建对象和数组过程中可以使用缩略标记是我喜欢 JavaScript 的重要原因之一。过去，当我们需要创建一个对象时，我们会这样写：

```
var car = new Object();
car.colour = 'red';
car.wheels = 4;
car.hubcaps = 'spinning';
car.age = 4;
```

现在也可以写成

```
var car = {
 colour:'red',
 wheels:4,
 hubcaps:'spinning',
 age:4
}
```

这样写更加简洁，并且不用重复写对象名。现在，car 运行良好，但是如果使用了 invalidUserInSession 会怎样呢？这种标记法中主要的缩略标记是 IE，在第二个大括号前千万不要写逗号，否则你将会遇到麻烦。

另一个使用缩略标记的地方是定义数组。老的定义方法是这样的：

```
var moviesThatNeedBetterWriters = new Array(
 'Transformers','Transformers2','Avatar','Indiana Jones 4'
);
```

更简洁的版本是这样的：

```
var moviesThatNeedBetterWriters = [
 'Transformers','Transformers2','Avatar','Indiana Jones 4'
];
```

关于数组，另一个要注意的是没有所谓的关联数组。你会在很多代码中看到这样定义 car：

```
var car = new Array();
car['colour'] = 'red';
car['wheels'] = 4;
car['hubcaps'] = 'spinning';
car['age'] = 4;
```

这不是 Sparta，这是一种疯狂的行为——但不要为此而困扰。"关联数组"是一种令人困惑的对象命名方式。

另一种非常有意思的缩略标记方法叫做三重标记法。如下语句：

```
var direction;
if(x < 200){
 direction = 1;
} else {
 direction = -1;
}
```

用三重标记法可以写成：

```
var direction = x < 200 ? 1 : -1;
```

该条件为 true 时执行问号后的内容，否则执行冒号后的内容。

1.2　JSON 数据格式

在我发现使用 JSON 存储数据之前，我试过使用各种 JavaScript 自带的格式来存储内容：带有控制字符进行分隔的数组、字符串等。Douglas Crockford 所发明的 JSON 彻底改变了这一切。运用 JSON，你可以使用 JavaScript 自带的格式存储各种复杂的数据并且不需要进行额外的转换。

JSON 是 JavaScript Object Notation 的缩写，使用了我们前面介绍的两种缩略标记。

例如，想要描述一个乐队的话，可以写成：

```
var band = {
 "name":"The Red Hot Chili Peppers",
 "members":[
  {
   "name":"Anthony Kiedis",
   "role":"lead vocals"
  },
  {
   "name":"Michael 'Flea' Balzary",
   "role":"bass guitar, trumpet, backing vocals"
  },
  {
   "name":"Chad Smith",
   "role":"drums,percussion"
  },
  {
   "name":"John Frusciante",
   "role":"Lead Guitar"
  }
 ],
 "year":"2009"
}
```

可以在 JavaScript 中直接使用 JSON，并且封装在函数调用中时可作为 API 的返回值。这称为 JSON-P 格式，被很多 API 函数支持。可以使用数据端点在脚本语句中直接返回 JSON-P 格式。

```
<div id="delicious"></div><script>
function delicious(o){
 var out = '<ul>';
 for(var i=0;i<o.length;i++){
```

```
  out += '<li><a href="' + o[i].u + '">' +
      o[i].d + '</a></li>';
 }
 out += '</ul>';
 document.getElementById('delicious').innerHTML = out;
}
</script>
<script src="http://feeds.delicious.com/v2/json/codepo8/javascript?count=15&callback=delicious "></script>
```

这里调用了 Delicious Web 服务来获得最新的 JavaScript 书签（JSON 格式），然后将其显示为无序列表。

其实，JSON 可能是在浏览器运行中描述复杂数据最轻松的方式了，甚至可以在 PHP 中调用 json_decode() 函数。

1.3 JavaScript 自带函数（数学、数组以及字符串函数）

通读了 JavaScript 的数学、数组和字符串函数后，我意识到它们会让编程变得非常方便，使用它们可避免使用许多循环和条件。例如，当需要找到一组数中的最大数时，需要写这样一个循环：

```
var numbers = [3,342,23,22,124];
var max = 0;
for(var i=0;i<numbers.length;i++){
 if(numbers[i] > max){
  max = numbers[i];
 }
}
alert(max);
```

可以不通过循环而这样实现：

```
var numbers = [3,342,23,22,124];
numbers.sort(function(a,b){return b - a});
alert(numbers[0]);
```

需要注意的是，不能对一个数值数组使用 sort() 函数，因为它会按照词法排序。

另一个有趣的方法是利用 Math.max() 函数，返回一列参数中的最大值：

Math.max(12,123,3,2,433,4); // returns 433

因为这个函数可以测试数据并返回最大值，因此可以用它来测试浏览器支持的默认属性：

```
var scrollTop= Math.max(
 doc.documentElement.scrollTop,
 doc.body.scrollTop
);
```

这解决了一个 IE 问题。我们可以读出当前文件的特性，但是对于该文件不同的文档类型，两个属性中其中之一将被赋予该值。而使用 Math.max() 则可以获得正确的值，因为只有一个属性有返回值，另一个将是未定义。

其余操作字符串的常用函数是 split() 和 join()。最经典的例子可能就是利用一个函数将 CSS 的类添加到元素中。

现在的问题是，当需要在 DOM 元素中添加一个类时，要么是将它作为第一个类添加，要么是将它和一个空格键一起加在已经存在的类前面。当删除该类时，也需要删除相应的空格（这在过去更为重要，因为有些浏览器会因为多余的空格报错）。

因此，原始方程应该写成这样：

```
function addclass(elm,newclass){
 var c = elm.className;
 elm.className = (c === '') ? newclass : c+' '+newclass;
}
```

可以运用 split() 和 join() 函数来自动实现：

```
function addclass(elm,newclass){
 var classes = elm.className.split(' ');
 classes.push(newclass);
 elm.className = classes.join(' ');
}
```

这样操作可以保证类与空格自动分离且结果被附加在最后。

1.4 事件代理

事件使得网络应用可以工作，我最爱事件，尤其是定制事件。它的存在，使得用户不需要接触核心代码就可以使产品具有更好的可拓展性。但主要的问题（其实也是它的优势）在于，事件会被 HTML 删除：对元素添加了事件监视器后它将被激活，但在 HTML 中无法表示这种情况。可以这样抽象地来考虑（这对初学者可能有困难）：诸如 IE6 之类的浏览器内存问题较多，事件处理量大，因此不要使用太多的事件处理是明智的选择。

这里就是事件代理的来源。当某一特定的元素或者其上 DOM 层的所有元素发生某一事件时，可以通过单一的处理程序对父元素进行处理来简化事件处理过程，而不是使用大量的程序。

我的意思是什么？比如说想要获得一个链接列表，而且想要通过函数的调用而不是通过加载来获得，其 HTML 实现方法如下：

```
<h2>Great Web resources</h2>
<ul id="resources">
 <li><a href="http://opera.com/wsc ">Opera Web Standards Curriculum</a></
li>
 <li><a href="http://sitepoint.com ">Sitepoint</a></li>
 <li><a href="http://alistapart.com ">A List Apart</a></li>
 <li><a href="http://yuiblog.com ">YUI Blog</a></li>
 <li><a href="http://blameitonthevoices.com ">Blame it on the voices</a></
li>
 <li><a href="http://oddlyspecific.com ">Oddly specific</a></li>
</ul>
```

通常事件处理程序是在整个链接中使用循环：

```
// Classic event handling example
(function(){
 var resources = document.getElementById('resources');
 var links = resources.getElementsByTagName('a');
 var all = links.length;
 for(var i=0;i<all;i++){
  // Attach a listener to each link
  links[i].addEventListener('click',handler,false);
 };
 function handler(e){
  var x = e.target; // Get the link that was clicked
  alert(x);
  e.preventDefault();
 };
})();
```

也可通过一个事件处理程序来实现：

```
(function(){
 var resources = document.getElementById('resources');
 resources.addEventListener('click',handler,false);
 function handler(e){
  var x = e.target; // get the link tha
  if(x.nodeName.toLowerCase() === 'a'){
   alert('Event delegation:' + x);
   e.preventDefault();
  }
 };
})();
```

因为单击事件发生在列表中所有的元素之上，所以你所要做的就是将节点 Name 与 需要响应事件的元素进行对比。

说明：以上例子在 IE6 浏览器中会运行失败。对于 IE6，需要使用事件模型而不是 W3C，这就是我们在这种情况下使用库的原因。

这种方法的好处在于可以使用单独的事件处理程序。例如，想要在列表中动态地进行添加操作，如果使用事件代理，则不需要进行任何改变，只需在事件处理过程中重新分配处理程序并对列表重新进行循环操作就可以了。

1.5　匿名函数和模块模式

JavaScript 最令人烦恼的事情是变量的范围没有定义。任何在函数外定义的变量、函数、数组和对象都是全局的，这意味着相同页中的其他脚本都可以进行调用，因而经常出现参数被覆盖现象。

解决方法就是将变量封装在一个匿名函数中，在定义完函数后立即调用。例如，下例将生成三个全局变量和两个全局函数：

```
var name = 'Chris';
var age = '34';
var status = 'single';
function createMember(){
 // [...]
}
function getMemberDetails(){
 // [...]
}
```

该页中其他的脚本语句如果含有名为 status 的变量的话就会出问题。如果将它们封装在名为 myApplication 的匿名函数中，就可以解决这个问题了：

```
var myApplication = function(){
 var name = 'Chris';
 var age = '34';
 var status = 'single';
 function createMember(){
  // [...]
 }
 function getMemberDetails(){
  // [...]
 }
}();
```

但是这样定义使得参数在函数外不起作用，如果这正是所需要的，没有问题。另外可以省略定义的名字。

```
(function(){
 var name = 'Chris';
 var age = '34';
 var status = 'single';
 function createMember(){
  // [...]
 }
 function getMemberDetails(){
  // [...]
 }
})();
```

但如果需要部分变量或函数可被外部调用，则需要这样改写程序：为了可以调用 createMember() 或 getMemberDetails() 函数，将它们作为 myApplication 的属性返回。

```
var myApplication = function(){
 var name = 'Chris';
 var age = '34';
 var status = 'single';
 return{
  createMember:function(){
   // [...]
  },
  getMemberDetails:function(){
   // [...]
  }
 }
}();
// myApplication.createMember() and
// myApplication.getMemberDetails() now works.
```

这样的用法被称为模块模式或单例模式。Douglas Crockford 多次提到过这个概念，Yahoo 用户接口函数库 YUI 中经常使用它。为了使函数和变量可以被外部调用，需要改变定义的语法，这很令人烦恼。而且，如果要从一个方法中调用另一个方法，还必须在调用时加上 myApplication 前缀。因此，我更倾向于返回这些我想要其成为全局元素的元素的指针，这样还可以缩短外部调用时的使用长度。

```
var myApplication = function(){
 var name = 'Chris';
 var age = '34';
 var status = 'single';
 function createMember(){
  // [...]
 }
 function getMemberDetails(){
  // [...]
 }
 return{
  create:createMember,
  get:getMemberDetails
 }
}();
//myApplication.get() and myApplication.create() now work.
```

我将这种方法称为“揭示模块模式”。

1.6　允许配置

每当我写完 JavaScript 源程序并将之公布于众时，人们总是想修改程序，有时是因为人们想进行功能拓展，但大多数时候是因为我的程序太难于定制。

解决方法是在脚本语言中加入配置文件。我在《JavaScript 配置对象》一文中进行了详细的讲述，下面是其中的一些要点。

① 在整个脚本文件中添加一个对象作为配置文件。

② 在配置文件中加入使用该脚本程序可能需要改变的所有信息：

- CSS 的 ID 和类名称；
- 生成按钮的字符串（比如说标签）；
- 数据：例如“要展示的图片张数”，“地图的尺寸”；
- 地点、区域和语言设置。

③ 将其作为全局属性返回该对象以便人们可以将其重载。

大多数时候这一步放在编程的最后阶段。

其实，配置文件就是为了使代码更易于被其他开发人员使用和更改，这样添加配置文件之后就很少会收到邮件，抱怨你的代码或者询问他人更改过的地方。

1.7　与后台交互

这些年使用 JavaScript 的经验告诉我：JavaScript 包含丰富的交互接口，但在进行数据处理和数据库访问时效果不佳。

最初，我用 JavaScript 代替 Perl 的原因是厌倦了每次要将代码复制到目录文件夹中才能运行的情况。后来我学会了利用后台程序来处理数据，而不是将所有的功能用 JavaScript 来实现，这样使得代码在安全性和语言性上都得到了提高。

访问一个 Web 服务时，可以得到 JSON-P 格式的返回值并在客户机上进行大量的数据转换。但是为什么在已经有了服务器并有更多的数据转换方法和 JSON、HTML 格式的返回值的时候，还要在客户机上进行启动缓存呢？

因此，如果想要使用 Ajax，试着接触一些 HTTP 并编写自己的缓存和转换代理程序，这样可以节约大量的时间和精力。

1.8　特定于浏览器的代码就是浪费时间，试试库文件

在我进行网络开发之初，利用 document.all 还是 document.layers 来访问文件还存在很大的争议。我当时选择了 document.layers 方式，因为我喜欢将层作为当前层文件的思想（我为此还编写了大量 document.write 方法）。这两种方式后来都被淘汰了。Netscape 6 问世以后，它仅支持 W3C DOM 模型，我非常喜欢这种方式，但是终端用户并不在意这些，他们看到的只是这种浏览器没有正确显示大部分互联网内容（实际上是显示了），我们最早开发的代码变成了错误。为此我们编写了即用型的代码，它支持顶尖的开发环境，其特点是变化丰富多样。

我在学习浏览器的复杂细节并解决与之相关的问题上花费过大量时间。当时这样做使我可以有一份非常棒的工作，但是现在的学习者不用再经历这样的过程了。

YUI、jQuery 和 Dojo 这些库文件可以帮助我们。它们可以解决浏览器操作性与稳定性差，以及漏洞多的问题，使得我们可以忽略这些琐事。除非你是个发烧者，想测试某款特定的浏览器，不然的话，不要用 JavaScript 去修复浏览器的漏洞，因为你无法一直对修复代码进行更新，你要做的就是添加网络上已经存在的大量代码。

也就是说，单纯的依靠库文件来提升核心能力的做法是目光短浅的。要多读读 JavaScript 代码，看一些好的视频和帮助文档来帮助你理解这门语言（闭合性是 JavaScript 自有的优势）。库文件可以帮你快速地建立应用程序，但是如果因此添加了过多的事件和应用，而且还需要为文件中每个 HTML 元素添加类的话，那就不对了。

第2章 复查JavaScript代码的启示

Addy Osmani

在开始之前，我想问一个问题：你最近一次复查代码是什么时候？代码复查应该是提高整体解决问题能力的最好方式，如果没有利用好它，将会错过发现漏洞和聆听建议的机会，而这些正是使你的代码更加完美所需的。

没有人能写出 100% 没有漏洞的代码，所以不要为寻求帮助感到羞愧。我们行业中一些非常有经验的开发者，包括架构师和浏览器开发师都会经常要求别人来复查他们的代码，询问别人是否有地方可以改进以避免发生尴尬。代码复查应该被当成一项和其他技术方式解决问题同等重要的方法。

现在我们来谈一谈在哪里可以使代码得到复查，怎样构造复查请求以及哪些是需要复查的内容。我最近被邀请复查一项 JavaScript 应用程序的代码，所以考虑和大家分享一下成果，因为它大致上覆盖了关于 JavaScript 代码复查必须熟记于心的全部相关知识。

2.1 简介

代码复查与维护严格的编码标准紧密相关，也就是说，标准并不是为了防止逻辑错误或者对一些编程语言特殊语法的理解错误，无论是 JavaScript、Ruby、Objective-C 还是其他语言都适用于此规则。即使是最有经验的开发人员也有可能犯这样的错误，复查代码可以很好地帮助他们发现这些错误。

我们对于批评的第一反应都是保护自己（或者自己的代码），还有就是反击回去。诚然，批评确实会让人感觉低落，但是可以试着把它看成一种可以激励我们做得更好，并且能促进我们能力提升的学习经验。因为大多数情况下，当我们冷静下来时，事实也是如此。

没有人有义务为你的工作提供反馈，如果建议真的具有建设性的话，要感激别人对你的付出。

复查使我们可以学习别人的经验并从别人的观点中获益。当一天的工作结束后，这会增加我们写出更好代码的机会。是否接受这种机会完全在于你。

2.2 在哪里可以使代码得到复查？

一般最具挑战性的部分在于找到一个值得信任的有经验的开发者来帮我们复查。以下是一些可以请求别人复查代码的地方（有时是别国语言）。

- JSMentors

JSMentors 是一个讨论 JavaScript 相关内容的邮件列表，其复查面板中有一大批有经验的开发者（包括 JD Dalton、Angus Croll 和 Nicholas Zakas）在复查人员名单上。这些老师不一定一直在线，但是对于提交的代码他们都会尽全力提供有用的、建设性的反馈意见。如果希望获得的是基于某种特殊 JavaScript 框架的代码帮助，绝大多数框架和库都有相关的邮件列表和论坛，可以提供相应水平的帮助。

- freenode IRC

有许多聊天室致力于讨论 JavaScript 语言并提供相关的帮助和代码复查。那些最出名的聊天室命名都很明显，#javascript 主要讨论一般性的 JavaScript 问题请求，#jquery 和 #dojo 很适合讨论与特定的库和框架相关的问题和请求。

- Code Review (beta)

可以理解将 StackOverflow 和代码复查弄混淆这件事，但是它实际上是获得同行复查的一个非常有用的、广谱的和主观的工具。在 StackOverflow 上你可能会问“为什么我的代码运行不了？”，而代码复查更像是“为什么我的代码这么丑？”这样一个问题。如果对于其提供的服务还有什么疑问，我强烈建议你去 FAQ 上看看。

- Twitter

这听起来可能很奇怪，但是我的至少一半以上的代码是通过社交网络来请求复查的。如果你的代码是开源的，社交网络是最好的选择，做这样的选择你并没什么损失。我唯一的建议是，确保与你交流的是一个有经验的开发人员，让一个没有什么经验的开发者来复查你的代码可能会比不复查更加糟糕，所以小心一点！

- GitHub+reviewth.is

我们都知道 GitHub 可以提供一个复查代码非常完美的结构体系。它包含提交文件、行注释和更改说明等功能，可以非常方便地跟踪各种叉形指令，唯一缺少的是实际的复查初始化。一个叫做 reviewth.is 的工具可以通过提供一个后提交的挂钩点来自动实现这个过程，这样提交的修改都会有一个清晰的 #reviewthis 散列标签，可以标记任何你想要求为你复查的用户。如果碰巧你的同事和你使用相同的编程语言，那么这项设置可以让你的代码复查在家门口进行。一个好的工作流程应该像这样进行（如果你在一个项目组或者课题组工作）：将你的代码在智囊团的某个主题栏目中展示，然后为该栏目方面的所有请求发送代码；复查人员可以检查更改和提交情况，并按行或按文件作出注释；你（开发人员）可以获取这些反馈并在该主题栏目中进行修改和再请求，重复这种循环直到所有融合在一起的修改可接受为止。

2.3　该怎样构造复查请求?

以下是一些让你的复查请求更可能被接受的指导（基于经验）。如果复查人员属于你们的团队，不必拘泥于此，但是如果复查者是外部人员，这些会节省你一些时间。

- 隔离出你想要复查的代码，确保它们是易于运行的、叉状的和带注释的，标出你觉得可以改进的地方，除此之外，还要保持耐心。
- 使复查者尽可能容易地查看、演示和更改你的代码。
- 不要提交整个网站或工程的压缩文件，很少有人有时间来看全部代码，除非你的代码必须进行本地调试。
- 相反，在 jsFiddle、jsbin 和 GitHub 上你应该隔离和减少想要被复查的地方。这样可以让复查者更容易地分叉出你提交的代码并将更改和注释显示出来。如果想要区分出提交代码和别人修改的代码，可以试试 PasteBin。
- 同样，不要只提交一个链接然后让别人来自己显示代码并找到要被改进的地方。网站上一般有很多脚本语句，所以这会降低复查者同意提供帮助的可能。因为没人想要花时间去为你找需要改进的地方。

- 明确地标示出你个人觉得可以改进的地方，这可以使复查者更快地找到你最想要被复查的部分以节省他们的时间。许多复查者也会因此看看你提交的别的部分的代码，至少也会优先考虑帮助你。
- 将你为改进代码做过的调查显示出来，如果复查者知道你做了这些调查，他们就不会建议你去了解这些相同的资源，而是提供另外的建议（这是你想要的东西）。
- 如果英语不是你的母语，告诉别人。因为当别的开发人员告知我这一点的时候，我就知道该使用技术性的还是通俗的复查建议了。
- 耐心一点。很多复查需要好几天才能得到反馈，这并没有什么问题。其他开发人员经常会忙于别的开发项目，那些答应安排看一下你代码的人是令人感激的。耐心一点，不要急于提醒他们，理解他们推迟的原因。这样做对你有好处，因为这样复查者才会有更充足的时间来给出详细的反馈意见。

2.4 进行代码复查的人员需要提供的信息

Google 前开发人员 Jonathan Betz 曾经提到过对别人进行代码复查时应该提供的六样东西：

1. 正确性

代码能实现所有它声明的功能吗？

2. 复杂性

代码是否直接完成了其功能？

3. 一致性

它是否与目标一致？

4. 可维护性

团队内其他人员付出一定合理水平的努力时是否可以较容易地拓展代码？

5. 可扩缩性

代码是否是按照对 100 个或者 10000 个用户同样工作的原则来书写的？它是最优的吗？

6. 风格

代码是否按某一特定风格编写的（最好是按照团队统一的风格）？

我赞同以上六点，并将它扩展成复查者在实际操作中可以遵循的行动手册。所以，复查者应该做到以下几点：

- 提供清晰的评论、依据并保持良好的沟通。
- 提出可实现的不足之处（不要批评过度）。
- 指出为什么某种方法不推荐，如果可能的话，给出博客、帖子、要点、说明、MDN 页和 jsPerf 测试来支持你的观点。
- 给出替代解决方案，或是用一个单独的可运行格式，或是通过 fork 整合在代码中，方便开发者清晰地看到它们错误的地方。
- 首先关注解决方案，其次看编程风格。对于编程风格的建议可以放在复查的后面，但是在关注这个之前首先要找出根本的问题。
- 复查要求外的部分，这完全由复查者自己决定，但是如果我发现开发者其他方面的问题，我一般会建议他们如何改进。到目前为止我还没收到过关于这方面的抱怨，所以我认为这并不是一件坏事。

2.5 协作代码复查

尽管单独的开发者可以工作得很好，但将更多的开发人员带入这个流程也是不错的选择。这样有几个明显的优点：减轻单独复查人员的负担，得到更多人的改进意见，并可以使某一位复查者的评论得到展示和修改以防发生错误。

为了更好地帮助复查团队，你需要一个可以允许同时检查和评论的工具。幸运的是，这里有一些不错的选择：

- Review Board

这个基于网络的工具拥有 MIT 许可即可免费使用，它集成了 Gits、CVS、Mercurial 以及其他源代码控制系统。Review Board 可以在运行 Apache 或 lighttpd 的服务器（基于个人或商业用途）上免费使用。

- Crucible

这款由澳大利亚软件公司 Atlassian 开发的工具也是基于网络的，它的服务对象是公司，特别适合分布式团队。Crucible 简化了复查和注释功能，与 Review Board 一样，集成了大量控制源码工具，如 Git、Subversion。

- Rietveld

和前面两种工具一样，Rietveld 也支持合作复查功能。它是由 Python 的创始人 Guido van Rossum 开发的，得益于 Guido Mondrian 的开发经验，被设计用来运行谷歌的云服务，谷歌利用这项专利来复查内部代码。

- 其他工具

其他大量支持复查代码功能的软件并不是基于这个目的开发的。这些包括 CollabEdit（基于网络的免费工具），还有我的最爱 EtherPad（也是基于网络的免费工具）。

2.6 JavaScript 代码复查实例

最近一位开发人员让我对他的代码进行复查并提供改进建议。虽然我并不是代码复查专家（不要被我上面所说的忽悠），我在这里还是给出我提出的问题和解决方案。

问题 1

问题：函数和对象没经过任何类型校验就作为参数传递给其他函数。

回复：类型校验是保证输入类型的必要步骤，如果没有进行检查，可能就有输入类型（字符串、日期、数组等）不确定的风险，这些可以轻易地毁掉你未经防御处理的应用程序。对于函数，至少应该进行以下处理：

1. 测试以确保传递的变量真实存在；
2. 进行 typeof 检查以阻止执行的输入为非有效函数。

```
if (callback && typeof callback === "function"){
  /* rest of your logic */
}else{
  /* not a valid function */
}
```

不幸的是，简单的 typeof 检查是不够的，正如 Angus Croll 在“Fixing the typeof operator”中指出，在对包括函数在内的许多内容进行 typeof 检查时需要注意大量细节。

例如，对空返回对象进行 typedef 检查在技术上是错误的。实际上，对于除了函数之外的任何对象类型进行 typedef 检查时，都会返回对象而不区分它们是数组、日期、RegEx 还是什么。

可以利用 Object.prototype.toString 来调用 JavaScript 内部对象的属性，即 [Class]，也就是对象的类属性。不幸的是，内置对象通常会覆盖 Object.prototype.toString，但是可以对它们加上通用的 toString 函数：

Object.prototype.toString.call([1,2,3]); // " [object Array] "

你可能也会发现下面 Angus 的函数是比 typeof 更适合的选择，对对象、数组以及其他类型调用 betterTypeOf() 函数来看看会发生什么。

```
function betterTypeOf( input ){
  return Object.prototype.toString.call(input).match(/^\[object\s(.*)\]$/)
[1];
}
```

这里，parseInt() 函数被盲目地用来解析用户输入的整数值却没有指定基，这样会引起麻烦。

在 " JavaScript：the Good Parts " 中，Douglas Crockford 指出 parseInt() 函数的调用是非常危险的。尽管你知道输入字符串变量会返回整数，也应该指定一个基作为第二个变量，否则会返回意想不到的输出，考虑下面的例子：

```
parseInt('20');        // returns what you expect, however…
parseInt('020');       // returns 16
parseInt('000020');    // returns 16
parseInt('020', 10);   // returns 20 as we've specified the base to use
```

你会对多少开发人员忽略第二个参数感到吃惊，但实际上这经常发生。记住使用者(如果允许自由输入数值)并不一定会根据标准的数值惯例来输入(因为他们太疯狂了！)。我见过 020、,20、;'20 以及其他许多输入方式，所以尽可能为各种方式的输入值进行解析，下列使用 parseInt() 函数的方式偶尔会更好：

```
Math.floor("020");   // returns 20
Math.floor("0020");  //returns 20
Number("020");  //returns 20
Number("0020"); //returns 20
+"020"; //returns 20
```

问题 2

问题：在整个代码库上重复检查是否满足特定于浏览器的条件（例如：特性监测，检查支持的 ES5 特性等）。

回复：理想情况下，应保持代码库尽可能的“干燥”，有一些好的解决方案可以解决这个问题。例如，可以从加载时间配置模式（也称为加载时间和初始化时间分支）中获益。基本思想是仅测试条件一次（加载应用时）然后在后续检查中来调用这个结果。这种模式在 JavaScript 库文件中很常见，这些 JavaScript 库文件在加载时会自我配置，以针对具体浏览器进行优化。

这种模式可以这样实现：

```
var tools = {
  addMethod: null,
  removeMethod: null
};

if(/* condition for native support */){
  tools.addMethod = function(/* params */){
    /* method logic */
  }
}else{
  /* fallback - eg. for IE */
  tools.addMethod = function(/* */){
    /* method logic */
  }
}
```

下面的例子演示了如何规范化得到 XMLHttpRequest 对象。

```
var utils = {
  getXHR: null
};

if(window.XMLHttpRequest){
  utils.getXHR = function(){
    return new XMLHttpRequest;
  }
}else if(window.ActiveXObject){
  utils.getXHR = function(){
    /* this has been simplified for example sakes */
    return new ActiveXObject('Microsoft.XMLHTTP');
  }
}
```

有一个很著名的例子，Stoyan Stefanov 运用这个来添加和删除跨浏览器的事件监听器，在他的《JavaScript Patterns》一书中有介绍。

```
var utils = {
  addListener: null,
  removeListener: null
};
// the implementation
if (typeof window.addEventListener === 'function') {
  utils.addListener = function ( el, type, fn ) {
    el.addEventListener(type, fn, false);
  };
  utils.removeListener = function ( el, type, fn ) {
    el.removeEventListener(type, fn, false);
  };
} else if (typeof document.attachEvent === 'function') { // IE
  utils.addListener = function ( el, type, fn ) {
    el.attachEvent('on' + type, fn);
  };
```

问题 3

问题：定期扩展本机 Object.prototype。

回复：扩展本机类型经常会出问题，很少有（如果有的话）著名的代码库敢于扩展 Object.prototype 类型。事实是并没有一定要扩展它的情况存在。除非是要破坏 JavaScript 代码中的对象散列表及增加命名冲突可能性，这种扩展的操作一般被认为是糟糕的，这种操作应该是最后选择项（这同扩展自定义对象属性大有不同）。

如果因为某种原因你需要结束扩展对象原型，确保该方法已经不存在并拟出文件使小组中其他成员知道为什么需要这样做，你可以使用以下代码作为指导：

```
if(typeof Object.prototype.myMethod != 'function'){
  Object.prototype.myMethod = function(){
    //implem
  };
}
```

Juriy Zaytsev 有一篇关于“扩展本机和主机对象”的非常著名的帖子，可能你会感兴趣。

问题 4

问题：有些代码严重阻塞页面，因为它在进行任何进一步操作之前都要等待进程完成或数据加载。

回复：页面阻塞导致用户使用体验差，有很多不损坏应用的解决方法。

一个解决方法是使用“延迟执行”（通过“许诺”和“将来”的概念）。“许诺”的基本思想是与其让某些调用占用资源，不如直接返回一个“将来”会实现的“许诺”。这样将允许编写可异步运行的非阻塞逻辑。常见的做法是在方程中引入一个调用，当请求完成时执行。

我曾经和 Julian Aubourg 写过一篇全面介绍这种方法的帖子，如果你对通过 jQuery 实现它感兴趣可以看看这篇帖子。当然也可以利用 JavaScript 实现。

微框架 Q 提供了一个一般性的 JS- 兼容的“许诺”、“将来”实现方案，它相对而言比较全面，具体如下：

```
/* define a promise-only delay function that resolves when a timeout
completes */
function delay(ms) {
  var deferred = Q.defer();
  setTimeout(deferred.resolve, ms);
  return deferred.promise;
}

/* usage of Q with the 'when' pattern to execute a callback once delay
fulfils the promise */
Q.when(delay(500), function () {
    /* do stuff in the callback */
});
```

如果你想找一些更基础的可通读程序，这里是 Douglas Crockford 关于“许诺”的实现方法：

```
function make_promise() {
 var status = 'unresolved',
   outcome,
   waiting = [],
   dreading = [];

 function vouch( deed, func ) {
  switch (status) {
  case 'unresolved':
   (deed === 'fulfilled' ? waiting : dreading).push(func);
   break;
  case deed:
   func(outcome);
   break;
  }
 };

 function resolve( deed, value ) {
  if (status !== 'unresolved') {
   throw new Error('The promise has already been resolved:' + status);
  }
  status = deed;
```

```
  outcome = value;
  (deed == 'fulfilled' ? waiting : dreading).forEach(function (func) {
   try {
    func(outcome);
   } catch (ignore) {}
  });
  waiting = null;
  dreading = null;
 };

 return {
  when: function ( func ) {
   vouch('fulfilled', func);
  },
  fail: function ( func ) {
   vouch('smashed', func);
  },
  fulfill: function ( value ) {
   resolve('fulfilled', value);
  },
  smash: function ( string ) {
   resolve('smashed', string);
  },
  status: function () {
   return status;
  }
 };
};
```

问题 5

问题：通常使用“= =”操作符测试某一属性的显式数值等式，但应该使用的是“= = =”操作符。

回复：正如你可能知道也可能不知道的，“= =”操作符在 JavaScript 中的使用非常自由，即使两个量的值是完全不同的类型也会认为它们相等。这是因为该操作符会优先进行强制类型转换而不是比较，“= = =”却是在两个类型不一样的情况下不会进行强制类型转换，因而会报错。

我之所以在特定类型比较（本例）时更多地推荐使用"= = ="操作符，是因为"= ="操作符有许多陷阱并被许多开发人员认为是不可靠的。

你可能想知道在抽象化的语言（如 CoffeeScript）中，由于其不可靠性，"= ="操作符的使用率相对"= = ="完全处于下风。

与其听我片面之言，不如看看下面运用"= ="进行布尔相等性检查的例子，该例子运行会产生无法预期的结果。

```
3 == "3" // true
3 == "03" // true
3 == "0003" // true
3 == "+3" //true
3 == [3] //true
3 == (true+2) //true
\t\r\n ' == 0 //true
"\t\r\n" == 0 //true
"\t" == 0 // true
"\t\n" == 0 // true
"\t\r" == 0 // true
" " == 0 // true
" \t" == 0 // true
" \ " == 0 // true
" \r\n\ " == 0 //true
```

上面列表中许多结果等于 true，因为 JavaScript 是一种弱类型化的语言：它尽量多地使用强制类型转换。如果你对上述表达式等于 true 的原因感兴趣，可以参阅《Annotated ES5 指导》，其中的解释更为精彩。

回到复查上面来，如果 100% 确信进行比较的量不会被用户干扰，可以谨慎地使用"= ="操作符。一定记住，如果有非预期的输入，使用"= = ="操作符会更好。

问题 6

问题：非缓存的数组长度被用于所有的 for 循环中是非常糟糕的，因为你在利用它遍历整个元素集合。

这里有个例子：

```
for( var i=0; i<myArray.length;i++ ){
  /* do stuff */
}
```

回复：这种方法（我依然看到许多开发人员在使用）的问题在于该数组长度在每个循环的迭代中被不必要的重复访问。这会导致程序运行非常慢，尤其是用在 HTMLCollection 上时（在这种情况下，正如 Nicholas C. Zakas 在《High-Performance JavaScript》一书中提到的，对长度进行缓存可以比反复访问它快上 190 倍）。以下是对数组长度进行缓存的一些方法。

```
/* cached outside loop */
var len = myArray.length;
for ( var i = 0; i < len; i++ ) {
}

/* cached inside loop */
for ( var i = 0, len = myArray.length; i < len; i++ ) {
}

/* cached outside loop using while */
var len = myArray.length;
while (len--) {
}
```

如果你想研究哪种方法表现最佳的话，使用 jsPerf 对循环内外的数组捕捉、前缀增量使用、倒计时等进行测试以比较其性能优劣也是可行的。

问题 7

问题：jQuery 的 $.each() 函数用于遍历对象和数组，然而在某些情况下则使用 for。

回复：在 jQuery 中，有两种方法可以无缝地遍历对象和数组。通用的 $.each 可以遍历这两种类型，$.fn.each() 函数专门用于遍历 jQuery 对象（其中标准对象利用 $() 函数封装，你应该更倾向于使用后者）。低级别的 $.each() 函数执行效果比 $.fn.each() 函数好，标准的 JavaScript for 和 while 循环比这两个都要好，这是经 jsPerf 测试验证的。以下是一些运行情况也不错的循环：

```
/* jQuery $.each */
$.each(a, function() {
 e = $(this);
});

/* classic for loop */
var len = a.length;
for ( var i = 0; i < len; i++ ) {
  //if this must be a jQuery object do..
  e = $(a[i]);
  //otherwise just e = a[i] should suffice
};

/* reverse for loop */
for ( var i = a.length; i-- ) {
  e = $(a[i]);
}

/* classic while loop */
var i = a.length;
while (i--) {
  e = $(a[i]);
}

/* alternative while loop */
var i = a.length - 1;

while ( e = a[i--] ) {
  $(e)
};
```

你可能会发现，Angus Croll 的帖子 " Rethinking JavaScript for Loops "是对这些建议的一个有趣的延伸。

考虑一个以数据为中心的应用程序，每一个对象或数组都包含大量数据，你应该考虑进行重构来使用以上方法。从拓展性角度说，你应该尽可能地剔除浪费的毫秒数，因为当页面上有数以千计的元素时，时间会累积到很大。

问题 8

问题：JSON 字符串在内存中以字符串级联的方式建立。

回复：可以通过更优的方式来实现。例如，为什么不使用可以接收 JavaScript 对象并返回与 JSON 格式等效的 JSON.stringify() 函数呢？对象可以按照需要尽可能的复杂或者深度嵌套，这样将会产生更加简单、有效的解决方法。

```
var myData = {};
myData.dataA = ['a', 'b', 'c', 'd'];
myData.dataB = {
  animal': 'cat',
  'color': 'brown'
};
myData.dataC = {
  vehicles': [{
    'type': 'ford',
    'tint': 'silver',
    'year': '2015'
  }, {
    type': 'honda',
    'tint': 'black',
    'year': '2012'
  }]
};
myData.dataD = {
  buildings': [{
    'houses': [{
      'streetName': 'sycamore close',
      'number': '252'
    }, {
      streetName': 'slimdon close',
      'number': '101'
    }]
  }]
};
console.log(myData); //object
var jsonData = JSON.stringify(myData);

console.log(jsonData);
/*
{"dataA":["a","b","c","d"],"dataB":
{"animal":"cat","color":"brown"},"dataC":{"vehicles":
[{"type":"ford","tint":"silver","year":"2015"},
```

```
{"type":"honda","tint":"black","year":"2012"}]},"dataD":
{"buildings":[{"houses":[{"streetName":"sycamore
close","number":"252"},{"streetName":"slimdon
close","number":"101"}]}]}}
 */
```

额外的调试小技巧，如果你想要使得终端控制台显示的 JSON 更为美观可读，可以使用 stringify() 函数的以下额外参数实现：

```
JSON.stringify({ foo: "hello", bar: "world" }, null, 4);
```

问题 9

问题：使用的命名空间模式在技术上是无效的。

回复：应用程序中其他部分使用的命名空间是正确的，而对其存在性的检查是无效的，现有：

```
if ( !MyNamespace ) {
 MyNamespace = { };
}
```

问题在于 !MyNamespace 会报错：ReferenceError。因为 MyNamespace 变量之前未经声明。较好的模式是利用内部变量声明布尔类型的强制转换，如下：

```
if ( !MyNamespace ) {
 var MyNamespace = { };
}

//or
var myNamespace = myNamespace || {};

// Although a more efficient way of doing this is:
// myNamespace || ( myNamespace = {} );
// jsPerf test: http://jsperf.com/conditional-assignment

//or
if ( typeof MyNamespace == 'undefined' ) {
 var MyNamespace = { };
}
```

当然，可以通过其他许多方法来实现。如果你想阅读更多关于命名空间模式的内容（以及一些命名空间拓展的思路），可以参阅我最近写的 " Essential JavaScript Namespacing Patterns "一文，Juriy Zaytsev 也写过一篇关于命名空间模式非常全面的文章。

2.7 总结

代码复查是增强和保持编码质量、标准化、正确性和稳定性的一项非常有效的方法。我强烈建议开发人员可以在日常项目中尝试一下，因为无论对开发者还是复查者，这都是一件很棒的学习工具。下次，希望你可以复查你的代码，并祝你项目进展顺利！

第3章 利用七步测试法找到正确的 JavaScript 解决方法

Christian Heilmann

作为网站开发和设计人员，我们需要作出选择。是构建一个复杂的网站应用程序，还是最起码制作出一个含有一些高度交互界面元素的网站，我们都有成百上千种预构建解决方案可供选择。每个库都附带有各种功能部件和解决方案，每个开发人员都希望能够通过对某一界面问题开发出一个时髦的解决方法使自己出名。我们可以从众多菜单、图像圆盘传送带、标签、表单验证器和光箱特效中作出选择。

拥有如此多的选项使得我们可以轻松地选择，但这正是错误的地方。大多数情况下，我们以解决方案的便捷性来评价其质量。使我们选择一个方案而不是其他方案，最主要的原因在于：

- 它是否能执行我需要它执行的命令；
- 它是否看起来很棒；
- 它是否听起来简单易用；
- 我是否想用它；
- 它是否使用了我坚持使用的框架。

但是你真正寻找的东西却是不同的。

- 方案稳定吗?

如果该方案不可用时是否有好的替代项?

- 是否易于定制?

是否必须成为 JavaScript 专家才能修改界面工具?

- 它是否易用且易获得?

对于没有鼠标或手机浏览器的用户是否有限制?

- 你是否明白在发生什么?

你是否能修复某一问题并对用户作出解释?

- 方案兼容性如何?

其他脚本语言是否易于与之交互，它是否会破坏整个文件?

- 开发人员的专注性如何?

方案可维护性如何?

- 支持哪些功能，怎样拓展功能?

新的浏览器和客户请求是否即将到来?

本文中，我们将提出更多相关问题，但首先，我们需要理解的是开发网站最重要的是什么。

3.1 问题的关键不在于你

我们选择某一方案的原因主要是因为我们自己，这是问题的关键所在。使用网站应用程序的不是我们，而是一些我们不了解的人。我们无法预测他们的能力、组织、技术水平和品味，这样无法使产品成功。我们只是建立了它，却成为了最糟糕的测试人员。

我进行专业网站开发已经 10 年有余，从个人博客开发到多语言公司 CMS 解决方案生成再到复杂的网站应用程序开发。从中我最大的体会是：不要仅基于你自己或客户开发。相反，应该为将要使用你产品的人或者将要接手你项目的人员开发。

就像我们需要采取行动来减少碳排放一样，我们需要构建的是干净的网站应用。为了使网站持续繁荣并成为可持续工作的环境，我们需要改变工作方式，丢掉不可维护的、臃肿的、部分可行的、仅外表光鲜的解决方案。我们必须使用户易于使用，为后续开发者理解程序并进行后期改进、拓展提供便利。

3.2 介绍 JavaScript 部件的七步测试法

文章最后我会给出可应用于各种功能部件的七步测试法。所有推荐的规范都有其基本原理，所以在将其定义为“杰出的”或“并不适合我的”开发环境之前仔细推敲。

不要忘记即使程序是免费的，开发人员也是希望通过它获得名声，许多解决方案都是从头至尾保密的而不是让你任意地修改和更新。原因在于，作为开发者我们希望一直前进，维护和扩展旧的方案并不像开发新的方案那样有趣。这就是导致一些曾经很受欢迎的网站如今却无人问津的原因。

为了获得一些创新性解决方案的益处，我通常使用火狐网站开发工具栏。你可以在火狐拓展网站上获得，它可以为测试你自己功能部件中的内容提供帮助。

以下就是在选择 JavaScript 解决方案中的七步测试法。

1. 当 JavaScript 关闭时会发生什么？

我对功能部件测试的第一步就是关闭 JavaScript，不是在文件加载之后而是在之前。利用网站开发工具条关闭 JavaScript 非常容易。只需选择 Disable 菜单中的 Disable All JavaScript 选项，如下图所示。

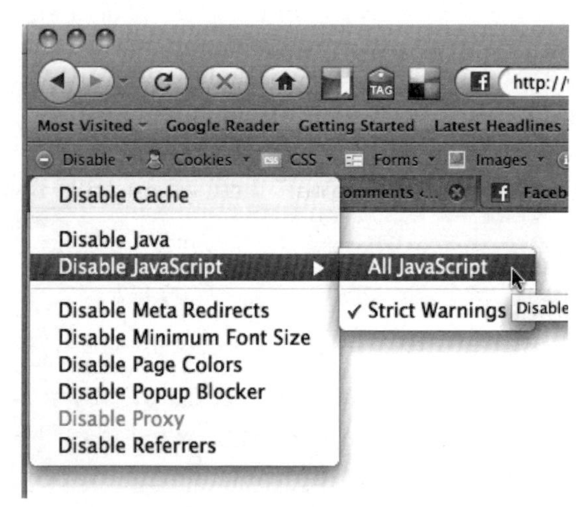

JavaScript 无法使用的基本原理是：公司代理或个人防火墙的隔离，别的脚本可能会生成错误报告，这可能会干扰你，或者就是因为系统不支持 JavaScript，例如移动开发环境。

当 JavaScript 不可用时，你不需要任何功能，只需要一个没有加载用户或交互元素的界面。当用户触发某一按钮却没有响应的时候，他们就会停止相信你，因为毕竟你没有遵守你的承诺。

重载是另一个问题。很多功能部件使用 CSS 和 JavaScript 将大量内容压缩在一个小空间内，如选项卡内容元素和图像圆盘传送带（carousels）。备用方案是什么？如果关闭 JavaScript 的时候原计划有 2 张图现在却有 50 张，那将会是很好的用户体验感受。较好的备用方案应该是对相同功能采用服务器端方法，首先显示 2 张，然后提供剩余图片的链接页面。

有时 JavaScript 的某个功能部件做得非常好，但是演示网页却做得不行。较常见的例子是先用 CSS 隐藏元素再用 JavaScript 显示。但是如果 JavaScript 被关闭，该方案就不可行。好的演示和解决方案是利用 JavaScript 来为文件添加一个类，然后让所有的 CSS 依附于这个类。

好的 JavaScript 功能部件的诀窍在于利用 JavaScript 使得所有功能依附于 JavaScript，这样的话可以防止某一功能不工作。这种技术被称为“低调 JavaScript”。

2. 怎样改变外观、感受和内容？

功能部件的外观集成在代码中使得其维护非常困难。你不能指望后来的设计者通过检索整个 JavaScript 文件来了解改变某一颜色的方法。这就是为什么 CSS 文件非常臃肿的原因，因为人们会添加随机 ID 和类来加强 CSS 选择器的特异性。

好的功能部件应该将外观包含在 CSS 文件中并给出相应控件（例如动态应用的类）以供定制自己的风格。如果你发现自己必须通过修改 JavaScript 代码来实现外观的修改，就应该在大脑中拉响警报了。

如果 JavaScript 文档中含有诸如文字标签的内容，或者只能显示特定数目的元素（在导引菜单时非常常见）时会变得更糟。标签和元素个数是在网络应用中最常改变的内容。对于新手，你可能会在不同的市场推出你的产品而不得不转换按钮和菜单。

良好的功能部件应该拥有在不改变 JavaScript 主体程序的前提下，方便地修改元素个数和标签定义的配置。主要原因是，功能部件的功能单元应与维修人员隔离。如果功能部件出现安全和操作问题，应能够在不丢失配置和定位信息的前提下得以替换。否则人们很可能继续使用网络上的非安全代码，这也是我们收件箱满是垃圾邮件的原因。

3. 最终产品的可用性和语意性如何？

许多功能部件开发者乐于宣称他们的产品是“网络标准兼容的”和可访问的。虽然网络标准兼容非常重要，但这并不代表产品的质量。我们无法用自动工具来验证语意性。例如，下面例子中都是有效的 HTML 语句：

```
<div class="menu">
 <div class="section">
  <span class="label">Animals</span>
  <div class="subsection">
   <div class="item">Giraffe</div>
   <div class="item">Donkey</div>
   <div class="item">Cheetah</div>
   <div class="item">Hippo</div>
  </div>
 </div>
 <div class="section">
  <span class="label">Stones</span>
  <div class="subsection">
   <div class="item">Diamond</div>
   <div class="item">Ruby</div>
   <div class="item">Onyx</div>
  </div>
 </div>
</div>
<ul class="menu">
 <li><button>Animals</button>
  <ul>
   <li><a href="giraffe.html">Giraffe</a></li>
   <li><a href="donkey.html">Donkey</a></li>
   <li><a href="cheetah.html">Cheetah</a></li>
   <li><a href="hippo.html">Hippo</a></li>
  </ul>
 </li>
```

```
 <li><button>Stones</button>
  <ul>
   <li><a href="diamond.html">Diamond</a></li>
   <li><a href="ruby.html">Ruby</a></li>
   <li><a href="onyx.html">Onyx</a></li>
  </ul>
 </li>
</ul>
```

第二个例子没使用 JavaScript 并且使用了更少的 HTML，因为级联的存在，关于风格定制的代码只需要很少的 CSS 语句。

此外，功能部件所基于的 HTML 只是故事的一部分，JavaScript 生成的内容也应该是有效的、可用的和可访问的，可以在网络开发工具栏中检查生成的源码。

在文件任意地方右击选择 Web Developer → View Source → View Generated Source：

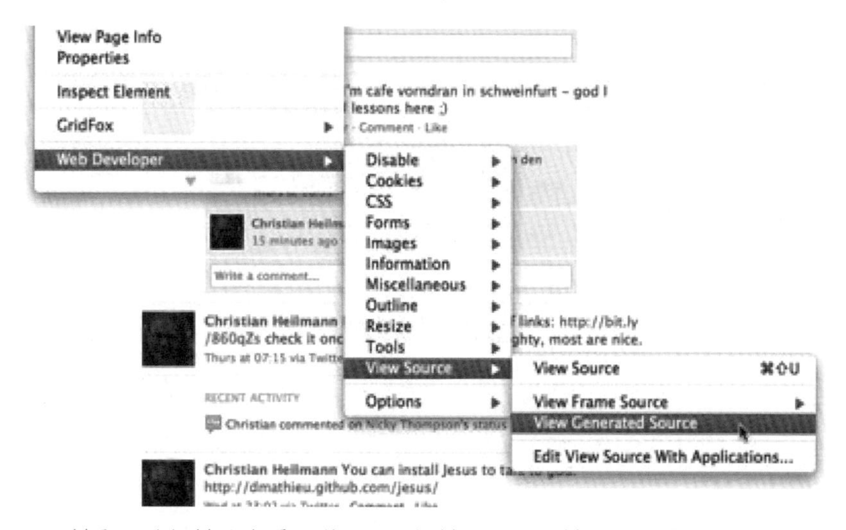

可用性和可访问性（本质上说，可访问性是对可用性更广泛的理解）并不容易测试。利用键盘访问功能部件是一种不错的测试方法。只使用键盘的用户日趋增多，例如，仅支持鼠标事件的功能部件在移动平台上就无法使用。功能部件应提供基本的鼠标访问功能（例如，Tab 键可以跳转到下一个链接，Enter 键用于激活等），但这并不是正确的可访问性。

例如，菜单就不适合使用 Tab 键来跳转导航栏的每一个项目，因为这需要太多次的按键盘。相反，用户应该可以使用 Tab 转至主菜单栏再从那里使用光标键来导航。

弹出对话框（又被称为 lightbox）应该可用键盘的 Escape 键关闭或由 Tab 键跳转至“关闭”按钮。如果是多选项的对话框，应该可利用光标键来定位选项。

W3C 的 WAI 网站有一些关于功能部件应如何响应键盘事件的好例子。雅虎的 Todd Kloots 对良好的键盘使用作出了很棒的解释（使用 YUI3，专注于 WAI-ARIA 的视频）。Opera 公司的 Patrick Lauke 也写过相关的文章并在去年的“未来网络设计”会议上宣读。如果你是 Mac 用户，在宣布故障之前应确认是否打开了功能部件键盘访问功能。

用户还应该可以调整浏览器中的字体大小。所以应对不同的功能部件进行字体大小测试。使用 IE6 进行测试是因为它在缩放字体大小时问题很多。最新的浏览器在对整个界面缩放时处理效果更好，但并不能寄希望于用户知道如何使用。

4. 你是否明白在发生什么?

如果你读过哈利波特系列小说（或至少看过电影），就应该明白你在不明白原理的情况下是无法相信魔法的。一部反映你写作能力的书和功能部件一样让人对究竟发生了什么从而产生如此神奇的效果感到疑惑。

记住，如果小玩具停止工作了，你将会被要求维修并解释出错的原因。因此，了解 JavaScript 使一列图像变成一个唱着歌、跳着舞的圆盘传送带（carousel）的基本原理同样重要。

好的功能部件都应该有关于此类问题的技术文件，有些甚至会记录一些客户端故障发生时哪里出了问题。这样，你就可以通过等待这些事件发生并分析当前状态来调试工具。

5. 与其他语言交互性如何？

网络上 JavaScript 最大问题在于它赋予页面中所有脚本语言同样的安全级别。这意味着某一项差的脚本语言会毁掉整个用户体验，因为它会部分重载其他脚本语句。

脚本发生冲突的地方包括变量和函数名以及事件。如果你的功能部件无法保护自己的变量和函数名或它在为检查其他脚本的时候使用了元素的事件功能，就会出现问题。

比如说你有一个带有 ID 菜单的元素，利用某一脚本使 HTML 内容转换成下拉菜单而另一个却使其成为翻转信息。如果它们都没有被添加到存在的功能单元中而直接使用，得到的将是最后执行的脚本功能。

好的消息是功能部件都是基于库的，库会阻止这种“事件冲突”的发生。你可以检查可能会被其他脚本覆盖的函数和变量名问题。JSLint 是可以检查例如未保护的变量之类语法问题的工具。虽然它是一种非常严格的工具，其报错的内容不一定出错，但是用 JSLint 测试是一个专业网络开发人员的标志。你一定很想所写的代码有很好的交互性。

6. 维护人员是否专注？

当你选择一款功能部件时，肯定希望维护人员能够专注于为未来浏览器和开发环境进行更新和脚本修复。但现在很少人这样做，许多软件都是以“不予改变”状态发布来免除开发者对于将来可能产生问题的责任。

软件，尤其是在浏览器中为网络消费者执行的软件，必须始终改进。原来的艺术级东西现在可能显得笨拙。有些软件最后出现执行效果差甚至有安全漏洞的现象。

每当有人声称拥有超大屏幕空间和超强处理能力的网络基线环境时，就会有人来质疑它。如今，利用起始分辨率为 1280 的双核或四核处理器来测试已显得平常，但是从智能手机和上网本的销售数据来看，规划消费者比规划这些高端产品显得更为明智。

对于开发人员来说，维护是最乏味的工作了。当我们发布一款新的功能部件时，我们不会想到这个阶段的任务交接。当然，大多数部件是以开源形式发布的，但遗憾的是，很少有开发者会修复和改进别人的作品，开发和公布一些基本相同的软件会有趣得多。

作为别人功能部件的用户，你肯定不希望发生这种事。所以你需要确认其开发人员的专注性。一些问题需要明确：

- 是否有报告错误的简单方式？
- 是否会对改进和错误修复进行追踪？
- 是否有反馈的评论和修改历史记录？
- 该部件是否在与你的使用环境相似的真实环境、大型工程或项目中使用过？他们的使用体验如何？
- 是否有提供解决方案的相应社区（例如,是否有除了原始开发人员之外的，帮助邮件列表上的人或是相关的求助论坛）？

如果开发人员没有功能部件开发相关的信誉，或没有相关团体和商业机构用户，那么该产品将来的维护和改进将是大问题，你可能需要承担在下一个浏览器版本中软件运行很差的风险。

7. 是否有测试的方案，升级和扩展是否简单易行？

最后需要考虑的问题是将来会发生什么。声称“适用于所有环境”的部件都是骗人的，因为没有人可以做到。网络的伟大在于软件解决方案可以用于相似的环境之中。如果你使用的是 Netscape 4，将会看到一些图片；如果你使用的是最新版的 Webkit 浏览器，你将会看到满是时髦图像并伴随有动画和色调变化效果的圆盘传送带之类的东西。

好的功能部件应该包含其曾经在哪些浏览器和环境中经过测试及已知的问题的报告。问题肯定会有，不进行报告是自大和无知的行为。部件的更新应该简单且容易，应该有版本更新信息，且新版本对老版本应该是兼容的。

部件应易于拓展。我们之前讨论过不要限制于特定数量的项目或特性的外观。但是当你真的使用某一款部件时，你发现有时必须覆盖一些特定的功能并对各种改变作出响应。好的部件要么有 API（便于拓展的编程界面），要么有需要遵循的客户激发事件。客户事件是部件同用户交互的“有趣时刻”。例如，按键事件会告诉脚本你激活了按键，如果你的部件是这样编写的，你可以告诉世界（这种情况下，应该是其他脚本）某一事件被触发；你可以发出相应通知，如网络反馈的数据已收到或者某一菜单太大在右边放不下，应移至左边。

利用雅虎用户交互库建立的功能部件，就包含了大量用户事件。

Events

containerCollapseEvent

`containerCollapseEvent ( oSelf )`

Fired when the results container is collapsed.

Parameters:

`oSelf <YAHOO.widget.AutoComplete>` The AutoComplete instance.

containerExpandEvent

`containerExpandEvent ( oSelf )`

Fired when the results container is expanded.

Parameters:

`oSelf <YAHOO.widget.AutoComplete>` The AutoComplete instance.

containerPopulateEvent

`containerPopulateEvent ( oSelf )`

Fired when the results container is populated.

Parameters:

`oSelf <YAHOO.widget.AutoComplete>` The AutoComplete instance.

dataErrorEvent

`dataErrorEvent ( oSelf , sQuery , oResponse )`

Fired when the AutoComplete instance does not receive query results from the DataSource due to an error.

Parameters:

`oSelf <YAHOO.widget.AutoComplete>` The AutoComplete instance.
`sQuery <String>` The query string.
`oResponse <Object>` The response object, if available.

这样可以允许你监视发生的内容（如同调试目的）并进行功能拓展。当你使用自动完成功能时，自动完成的演示页面就会在右边展示记录控制台中显示并告知正在进行的步骤。

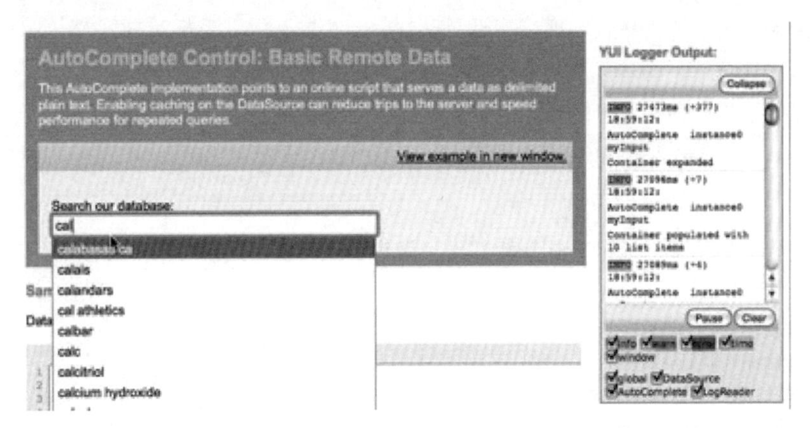

通过在 JavaScript 中订阅这些事件，对原功能的覆盖就会变得非常简单。这样，我们就有了一个可返回照片并允许你收集照片的自动完成功能。

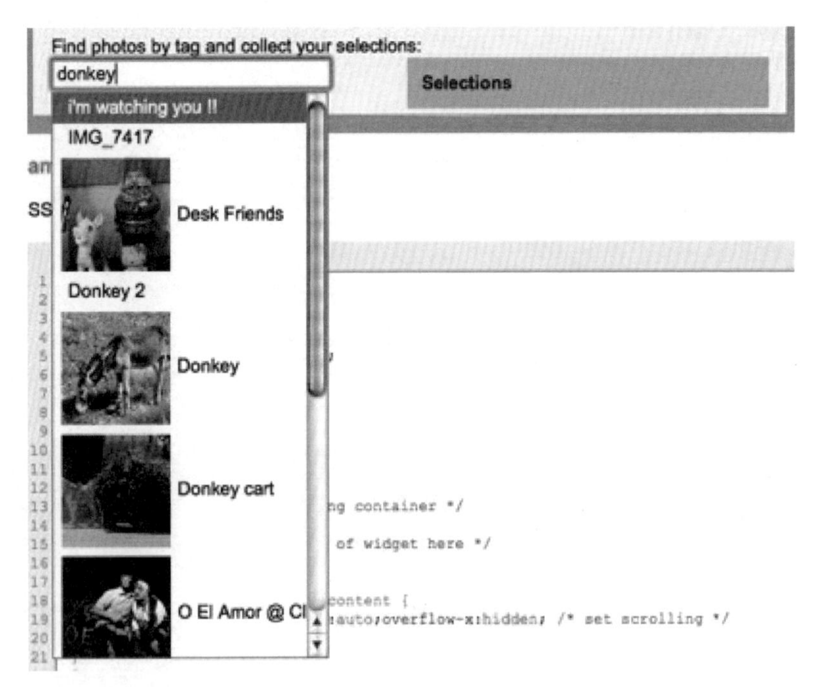

用户事件是拓展部件并保持核心代码易于更新的非常棒的方法。

3.3 最后说一说文件大小

最后提一点：一些功能部件开发者使用这样一个参数来宣传他们的解决方案，但其实这同你的选择应该是完全无关的：那就是文件大小。

像“仅 20 行 JavaScript 下拉菜单”或“2KB 以下的全功能 lightbox”之类的广告词非常有趣并反映了开发者的自信，但实际上这和方案的质量并无关联。当然你可以选择拒绝庞大的 JavaScript 方案（比如说 100KB），但实际上全面且易于拓展的代码通常会比功能单一的代码大。所有被炫耀为代码简短、说明后续使用者在开发方面不如源程序所有者的部件，随着时间的推移，都会越来越大。开发者总是喜欢玩数字游戏，但是代码的可维护性并不等同于代码的精简。

如果你仍纠结于这类事情，试试 Farbrausch 在 2000 年证明产品效果的演示场景，该产品可以将包含有音乐和综合声音的七分钟动画文件压缩进 64KB 的文件中。

第4章

关于 JavaScript 的十个古怪之处和秘密

Andy Croxall

JavaScript，奇异而美丽，如同是巴勃罗 · 毕加索发明了这门编程语言一般。Null 显然是一个对象，空数组显然等于 false，函数像网球一样随意传递。

本文适用于对 JavaScript 高级技术充满好奇的中级开发人员。本文是一个关于 JavaScript 古怪和奥秘的合集。文中部分章节将带你了解这些神奇的知识点如何帮助你的代码，其他部分为纯 WTF 材料。现在就让我们开始吧。

4.1 数据类型及定义

1. NULL 是一个对象

让我们以大家最感兴趣的 JavaScript 古怪之处开始。NULL 是最具有争议性的对象。NULL？对象？你会说“NULL 的定义是一个完全没意义的数值”。你是对的，事实也是如此，下面是例证：

```
alert(typeof null); //alerts 'object'
```

尽管如此，NULL 并不被看作是对象的实例（重提一下，在 JavaScript 中，值是基准对象的实例。因此，数值是 Number 对象的实例，所有对象均是 Object 对象的实例，等等）。让我们来推算一下，如果 NULL 表示没有值，那么很明显它不能作为任何东西的实例。因此，下式应该等于 false：

```
alert(null instanceof Object); //evaluates false
```

2. NAN 是一个数字

你认为 NULL 作为对象很荒谬？那么想想 NaN（即 not a number，“不是数字”），它其实是一个数字！而且，NaN 并不被认为等于其自身！你头脑有点晕了吗？

```
alert(typeof NaN); //alerts 'Number'
alert(NaN === NaN); //evaluates false
```

事实上，NaN 不等于任何值。确认其为 NaN 的唯一方法是通过调用 isNan() 函数。

3. 空数组 ==FALSE（关于 TRUE 和 FALSE）

这是另一个很受喜爱的 JavaScript 古怪之处：

```
alert(new Array() == false); //evaluates true
```

为了明白这里发生了什么，你需要明白关于逻辑真假的概念。如果你是逻辑或哲学专业，这些关于真假的概念可能会让你很恼火。

我看过许多关于 true 和 false 的解释，感觉这样理解最为简单：在 JavaScript 中，所有的非布尔类型值都有一个内置的布尔标志，当需要被当作布尔值时就调用这个布尔标志。例如，当你用该数与布尔值做比较时。

因为苹果无法和梨子进行比较，所以 JavaScript 需要进行不同类型数比较时，需要将其强制转换成通用数据类型。False、zero、null、undefined、空字符串和 NaN 都变成 false——非永久的，只是针对给定的表达式。如下例：

```
var someVar = 0;
alert(someVar == false); //evaluates true
```

这里，我们想要让数值 0 和布尔值作比较。因为数据类型不匹配，JavaScript 私下里将变量强制转换成其 true/false 等价值，本例中 0（如前述）为 false。

你可能注意到我在 false 列表中并未给出空数组。空数组非常奇特：它们实际上等于 true，但是在和布尔值比较时，却被看作 false，疑惑吗？请看下例：

```
var someVar = []; //empty array
alert(someVar == false); //evaluates true
if (someVar) alert('hello'); //alert runs, so someVar evaluates to true
```

为了避免强制类型转换，你可以使用值、类型比较操作符“ === ”,（与“==”不同，它只比较值）。所以：

```
var someVar = 0;
alert(someVar == false); //evaluates true - zero is a falsy
alert(someVar === false); //evaluates false - zero is a number, not a
boolean
```

我们目前讨论的概念是一个非常广泛的课题，我建议你多阅读一些相关资料——尤其是数据强制类型转换方面的，它不仅仅在 JavaScript 中有重要意义。

我在这里进行了更多的关于 true、false 和数据类型转换方面的介绍。如果你想更深入地了解 JavaScript 比较两个数值的内部原理的话，请查看文件说明书 ECMA-262 的 11.9.2 节。

4.2　正则表达式

4. replace() 函数可以接受回调函数

这是 JavaScript 奥秘之一，开始出现在 V1.3 版本中。replace() 函数通常使用方法如下：

```
alert('10 13 21 48 52'.replace(/d+/g, '*')); //replace all numbers with *
```

这是一个简单的替换：字符串和星号。但是如果我们想要控制替换的时间和方式？如果我们只想替换 30 以下的数？这仅通过正则表达式难以实现（毕竟它们只是操作字符串，而不是数学计算）。我们需要跳转到回调函数中来进行数学计算。

```
alert('10 13 21 48 52'.replace(/d+/g, function(match) {
  return parseInt(match) < 30 ? '*' : match;
}));
```

在每次对比中，JavaScript 调用函数，将比较值作为参数带入。然后返回星号（值小于 30）或自身值（即没有做比较）。

5. 正则表达式：不仅仅是比较和替换

许多中级开发人员只用了正则表达式的比较和替换功能。但其实 JavaScript 定义的方法远不止两个。

test() 函数比较有趣，它和比较工作方式相同但它并不返回比较值：它只确认类型是否匹配。这样会使计算更轻便。

```
alert(/w{3,}/.test('Hello')); //alerts 'true'
```

上面只对 3 个或更多的字母字符进行比较，因为字符串“Hello”满足要求，得到 true 值。我们并没有获得比较值，只获得比较结果。

还值得注意的是 RegExp 对象，利用它我们可以创建动态正则表达式而不是静态的。大多数正则表达式都是以短格式进行声明的（正如前面使用的，封闭在斜杠之中）。不过利用这种方法无法引用变量，所以无法使用动态模式。不过你可以利用 RegExp() 函数实现。

```
function findWord(word, string) {
  var instancesOfWord = string.match(new RegExp('\b'+word+'\b', 'ig'));
  alert(instancesOfWord);
}
findWord('car', 'Carl went to buy a car but had forgotten his credit
card.');
```

这里，我们通过使用参数 word 创建了一个动态模式。这个函数返回了该 word 作为一个整体（即不是作为其他单词的一部分）在字符串中出现的次数。所以，该例返回 car 一次，忽略了单词 Carl 和 card 中的 car。它通过检查单词的两个边界（b）来实现。

因为 RegExp 被指定为字符串，而不是通过斜杠语法，我们才可以在建立该模式时使用变量。这也意味着，我们必须对特定的字符进行双重转义，正如我们对单词进行边界限制时做的那样。

4.3 函数及范围

6. 你可以伪造范围

范围定义了变量可被调用的区域。独立的 JavaScript（即不在函数内部运行的 JavaScript）在 window 对象的全局范围内有效，可被全局访问。而在函数内部声明的局部变量只能在函数内部访问，不能在外部访问。

```
var animal = 'dog';
function getAnimal(adjective) { alert(adjective+' '+this.animal); }
getAnimal('lovely'); //alerts 'lovely dog';
```

这里，我们在全局范围内（即 window 范围内）声明变量和函数。因为一直指向当前范围，本例中它指向 window。因此，函数寻找 window.animal。目前看来很正常，但是我们可以考虑函数在不同范围内运行时的情况，而不是在其当前范围。我们利用内置的 call() 方法进行调用，而不是利用函数本身：

```
var animal = 'dog';
function getAnimal(adjective) { alert(adjective+' '+this.animal); };
var myObj = {animal: 'camel'};
getAnimal.call(myObj, 'lovely'); //alerts 'lovely camel'
```

这里，函数不在 window 而在 myObj 中运行——作为 call 方法的第一个参数。本质上说，call() 方法将函数看成 myObj 的一个方法（如果这没有意思，你可能需要去看一下 JavaScript 的原型继承系统相关内容）。注意，我们传递给 call 的第一个参数后面的参数都会被传递给我们的函数——因此我们将 lovely 作为相关参数传递进来。我曾听 JavaScript 开发人员说过他们有很多年没用这个技巧了，那是因为好的代码设计让你不需要采用这种伪造手段。尽管如此，这依然是非常有趣的知识。

apply() 函数与 call() 函数作用相似，除了它的参数被指定为数组，而不是单独的参数。所以，上面的例子如果用 apply() 函数的话如下：

```
getAnimal.apply(myObj, ['lovely']); //func args sent as array
```

7. 函数可以执行自身

下式没有疑问：

```
(function() { alert('hello'); })(); //alerts 'hello'
```

语法很简单：声明一个函数，然后直接调用它，就像我们用 () 语法调用其他函数一样。你可能会好奇我们为什么要这样做。这似乎是一个矛盾：函数通常包含的是我们想在后面执行的代码，而不是现在，否则我们就不用将代码放在函数里了。

自执行函数（SEF）的一个很好的用处在于可以将当前变量的值捆绑用在延迟代码中，如事件的回调函数、中断和超时。这里有个问题：

```
var someVar = 'hello';
setTimeout(function() { alert(someVar); }, 1000);
var someVar = 'goodbye';
```

新手们在论坛中总是会问，为什么在中断中的警报总是 goodbye 而不是 hello。原因在于中断回调函数正是一个回调，所以在运行 someVar 之前不会计算它的值。到那个时候，someVar 早已经被 goodbye 覆盖了。

SEF 提供了一种解决办法。相比较我们上面隐式地指定中断回调函数，我们从 SEF 中返回它并将 someVar 的当前值作为参数隔离。这就像在重新对汽车喷漆之前对它进行拍照，照片不会更新至重新喷的漆色，它只会反映照片拍摄时汽车的颜色。

```
var someVar = 'hello';
setTimeout((function(someVar) {
  return function()  { alert(someVar); }
})(someVar), 1000);
var someVar = 'goodbye';
```

这次，报警提示 hello，因为它正在提示 someVar 被隔离的值（即函数参数，而不是外部变量）。

4.4 浏览器

8. 火狐读取和返回 RGB 格式，而不是十六进制

我至今都不明白摩斯拉浏览器为什么要这样做。它当然知道通过 JavaScript 访问计算颜色的人都是对 16 进制格式而不是 RGB 感兴趣。为了澄清这一点，看下例：

```
<!--
#somePara { color: #f90; }
-->

Hello, world!
<script>
var ie = navigator.appVersion.indexOf('MSIE') != -1;
var p = document.getElementById('somePara');
alert(ie ? p.currentStyle.color : getComputedStyle(p, null).color);
</script>
```

尽管大多数浏览器会报错，但火狐会返回 RGB 等价值：(255,153,0)。JavaScript 有大量的函数可以将 RGB 转换为 16 进制值。

请注意我刚才说到计算颜色，指的是当前颜色，而不考虑它如何应用于元素。与样式相比，它只会读取隐含在元素样式属性中的值。同时，正如你从上例可以看出的，IE 有不同的方法从其他浏览器中检测到计算样式信息。

另外，jQuery 的 CSS() 方法包含了相关计算检测功能，无论样式如何被应用于元素中 (隐式的、继承或其他)，它都会返回。因此，你很少需要使用 getComputedStyle 和 currentStyle。

4.5 其他

9. 0.1 + 0.2 ! == 0.3

这不仅仅是 JavaScript 中的古怪之处，实际上是计算机科学中的普遍问题，并且影响了许多语言。该式的结果为 0.30000000000000004。

这类问题涉及机器精度的概念。当 JavaScript 想要执行上述语句时，首先需要将值转换为二进制等价值，这就是问题之所在。0.1 不再是 0.1 而是其二进制等价值，这只是一个近似值 (不是一致的值)。因此，当你进行数值运算的时候，注定会影响精度。你可能只是想得到两个简单的十进制数，但你得到的确是 Chris Pine 提到过的，二进制浮点型数。有点像想将文字翻译成俄语得到的确是白俄罗斯语。类似但不完全相同。

这里还有更多内容，但已经超出本文范围 (更不用说作者的数学能力了)。

该问题的解决方法是计算机科学和开发者论坛上的一个热门话题。你的选择，归根到底，取决于你的计算要求。不同方法的优缺点超出了本文的讨论范围，但可以遵循以下通用选择：

- 转换成整型计算然后再转换回 10 进制；
- 或调整算法逻辑以允许一个范围而不是特定的值。

因此，例如，与其采用：

```
var num1 = 0.1, num2 = 0.2, shouldEqual = 0.3;
alert(num1 + num2 == shouldEqual); //false
```

不如：

```
alert(num1 + num2 > shouldEqual - 0.001 && num1 + num2 < shouldEqual +
0.001); //true
```

翻译过来，因为 0.1 + 0.2 不等于 0.3，所以首先检查其大于还是小于 0.3——特别是在两边的取值为 0.001 时。该方法缺点很明显，对于精确计算会返回不准确结果。

10. 未定义可以被定义

好吧，最后让我们以一个愚蠢且无关紧要的内容结尾。听起来可能很怪，undefined 在 JavaScript 中实际上不是关键字，尽管它有其特殊含义并表征某一变量是否未被定义。所以：

```
var someVar;
alert(someVar == undefined); //evaluates true
```

目前为止没有问题。但是：

```
undefined = "I'm not undefined!";
var someVar;
alert(someVar == undefined); //evaluates false!
```

你以后也可以参阅摩斯拉关于 JavaScript 关键字的列表文档。

第5章 JavaScript的“七宗罪”

Christian Heilmann

近些年来，JavaScript 的使用变得越来越容易。回想当年，我们需要了解几乎每一个浏览器的特性，而如今，像 jQuery、YUI、Dojo、MooTools 这些库使得没有任何 JavaScript 基础的人都可以将一份枯燥的 HTML 文件修饰得很棒。通过 CSS 选择器这台引擎，我们已经远离了 DOM 的复杂性和矛盾性，使事情变得更加简单。

尽管如此，如果你看看别人原来公布的代码，我们似乎已经退步了。在获得简便方法的同时，我们似乎对自己的代码变得草率。找到结构清晰、易于维护的 jQuery 代码是非常困难的，这就是需要插件来做相同事的原因。自己写代码其实要比试图看懂别人的代码快得多。

关于 JavaScript 的稳定性、可维护性和安全性的原则并未改变。所以让我们通过对 JavaScript 开发“七宗罪”的学习来避免在维护和移交代码时发生不必要的麻烦。

我们都必须使用别人写过的代码。我们都抱怨过别人代码缺乏可维护性和文档而且逻辑怪异。但有趣的是，我们一边抱怨没有现成的好解决方案，一边开始对此习以为常并在自己写代码的时候犯同样的错误，就好像我们故意写出维护性差的代码来保护我们的成果一样——代码只有自己看得懂。

5.1 罪恶之源：特定于浏览器的代码

阻碍开发人员进步的最大的障碍在于 JavaScript 都是基于特定浏览器的。

主要原因在于浏览器并没有统一标准（或者我们在管理机构定下标准之前就交付了），并且我们必须在竞争中于乐观估计的截止日期前交付工作成果。

这成为 IE6 并未消亡的原因。全球各地办公室所用的数以百计的软件包均是在这款经典浏览器的当前技术水平上开发出来的。提倡针对操作系统、文档、电子表格和浏览器等所有软件都依靠同一软件供应商，是我们无法停止使用它的重要原因。这还意味着新版的 IE 必须以某种方式一直支持 IE6 的渲染错误。IE6 既是创造因特网也是毁灭因特网之物，它一直纠缠着其创始人，被用户误解。他们恨不能杀了它，烧了它，并在其周围跳舞而不是去研究它。

好消息在于你现在已经找不到以 if(document.all){} 开始并以 else if(document.layers){} 继续的脚本了。如果你发现了一个，请你给它的开发者发一封简短的邮件，鼓励他们加油或干脆让他们把网站更换为一个受维护的脚本。

5.2 提供帮助的库

像 jQuery、YUI、MooTools、Dojo 和 Glow 之类的 JavaScript 库使得开发具有可预见性，并使开发人员可以从我们称之为浏览器支持的地狱中解脱。换而言之，它们可以修复浏览器的随机错误，让我们采用标准而不用担心特定浏览器会不支持它。

比如说，DOM 方法 getElementById(id) 应该直接实现：找到含有 id 这个 ID 的元素并返回。但因为有的版本 IE 和浏览器也会返回含有 name 属性为 id 的元素，jQuery 可以这样解决这个问题：

```
var elem;

elem = document.getElementById( match[2] );

if ( elem ) {
// Handle the case where IE and Opera return items
// by name instead of ID
if ( elem.id !== match[2] ) {
return rootjQuery.find( selector );
}

// Otherwise, we inject the element directly into the jQuery object
this.length = 1;
this[0] = elem;
}
```

这就是库非常有用并在这里被提起的原因。浏览器总是会出错，旧的浏览器也没有终端用户愿意更新，或是因为前面提到的公司规定或是因为人们对更新浏览器不关心。

因此，尽管为特定浏览器开发软件的情况正在减少（至少对于 JavaScript 来说如此，但是有了 CSS，我们又面临一个全新的问题），我们还必须对某些缺陷保持注意。

5.3　罪状 1：与其他脚本兼容不好

这是第一个要说的，我们经常会在网络上遇到。遗憾的是，它在 API 和诸如全局变量、函数和 DOM-1 事件处理器的网络服务演示代码中依然常见。

我的意思是什么？考虑以下内容：

- HTML 文件中的所有脚本拥有相同权限，如果需要的话，脚本可以覆盖其他脚本之间的操作；
- 如果定义了一个变量或函数名，而其他的脚本已经使用了该名字，初始名将会被覆盖；
- 如果将事件处理器以旧式的 onEvent 方式添加会出现同样的问题。

```
x = 5;
function init(){
 alert('script one init');
 document.getElementsByTagName('h1')[0].onclick = function(){
  this.style.background = 'blue';
 }
}
alert('x is '+x);
window.onload = init;
```

在这些语句之后立即加上其他脚本语句：

```
script_two.js:
x = 10;
function init(){
 alert('script two init');
 document.getElementsByTagName('h1')[0].onclick = function(){
  this.style.color = 'white';
 }
}
alert('x is '+x);
window.onload = init;
```

如果你在浏览器中打开该文件，会发现 x 从 5 变成 10，并且第一个 init() 不会被调用。脚本 2 中的 init alert() 不会出现，单击时 h1 也不会得到蓝色的背景。只有文本会变成白色，显示其不可见性。

解决方法不是使用 onEvent 处理器，而是使用正确的 DOM 2 级事件处理器（它们在 IE 中不工作，但这时不用担心——记住，这正是库发挥作用的地方）。此外，将你的函数换成更特殊的名字防止被其他脚本覆盖。

```
var scriptOne = function(){
 var x = 5;
 function init(){
  alert('script one init');
  document.getElementsByTagName('h1')[0].addEventListener(
   'click',
   function(e){
    var t = e.target;
    t.style.background = 'blue';
   },
FALSE
  );
 }

 alert('x inside is '+x);
 return {init:init};
}();
window.addEventListener('load',scriptOne.init,false);
alert('x outside is '+x);

var scriptTwo = function(){
 var x = 10;
 function init(){
  alert('script two init');
  document.getElementsByTagName('h1')[0].addEventListener(
   'click',
   function(e){
    var t = e.target;
    t.style.color = 'white';
   },
```

```
FALSE
  );
 }
 alert('x inside is '+x);
 return {init:init};
}();
window.addEventListener('load',scriptTwo.init,false);
alert('x outside is '+x);
```

如果在浏览器（不要使用 IE6）上运行上述代码，所有的代码都会按照预期进行：x 首先是 5，然后是 10；标题先是蓝色，单击时变白色；两个 init() 函数都可以被调用。

也会得到一个报错。因为 x 没有在函数外定义，"alert('x outside is '+x)；"不会工作。

原因在于，通过将 x 移至脚本 1 和脚本 2 函数中，并在它们之前加上了关键字 var，已经使其变成了函数的一部分而与外界分离。这称为闭包。这或许是 JavaScript 最强有力的特性之一。

使用闭包和 var 关键字将会解决相同名称变量覆盖的问题。这在 jQuery 中也适用：你应该为你的函数确定命名空间。

这或许难以掌握，我们看以下简单例子：

```
var x = 4;
var f = 3;
var me = 'Chris';
function init(){}
function load(){}
```

现在以上这些都是全局变量和函数，其他有相同变量的脚本可以覆盖它们。

你可以将它们嵌套在一个对象中来避免覆盖：

```
var longerAndMoreDistinct = {
 x : 4,
 f : 3,
 me : 'Chris',
 init : function(){},
 load : function(){}
}
```

这样一来，只有 longerAndMoreDistinct 是全局的。如果想要运行该函数，必须要调用 longerAndMoreDistinct.init() 而不是 init()。可以通过 longerAndMoreDistinct.me 来访问 me 等等。

我不喜欢这种方式，因为必须从一种表示法跳到另一种表示法，所以，可以这样操作：

```
var longerAndMoreDistinct = function(){
 var x = 4;
 var f = 3;
 var me = 'Chris';
 function init(){}
 function load(){}
}();
```

将 longerAndMoreDistinct 定义成一个没有名称的、立即执行的函数的输出（就是最后一行的 () 标记）。这意味着所有在这里定义的变量和函数能在该范围内被调用而无法被外界使用。如果外部想要调用它，需要将它们返回到外部：

```
var longerAndMoreDistinct = function(){
 var x = 4;
 var f = 3;
 var me = 'Chris';
 function load(){}
 return {
  init:function(){}
 }
}();
```

现在 init() 函数可以作为 longerAndMoreDistinct.init() 使用了。这种将内容封装在匿名函数中并返回其中一些东西的构造被称为模块模式，这样可以保证变量安全。个人而言，我讨厌使用语法切换，所以我使用揭示型模块模式，返回指针而不是函数本身：

```
var longerAndMoreDistinct = function(){
 var x = 4;
 var f = 3;
 var me = 'Chris';
```

```
 var me = 'Chris';
 function load(){}
 function init(){}
 return {
  init:init
 }
}();
```

这样我就可以通过添加返回的对象来决定变量和函数是否可用。

如果你并不想将任何东西返回至外部，而只想保护变量和函数名安全，可以去掉函数名：

```
(function(){
 var x = 4;
 var f = 3;
 var me = 'Chris';
 function load(){}
 function init(){}
})();
```

在这种结构中使用 var 并封装代码，这使它可以得到执行，但无法接受外界的访问。

这似乎是非常复杂的事务，但有一种检查代码的好方法。JSLint 是一种 JavaScript 验证器，类似于 HTML 或 CSS 验证器。它会告知你代码中可能出错的地方。

5.4　罪状 2：相信取代测试

在实现 JavaScript 时另一大罪状就是它默认所有东西都是正确的：所有的参数均采用正确格式，所有的 HTML 元素均可用，所有的终端用户输入信息格式均正确。但事实并非如此，这种假设是非常危险的，因为它允许恶意用户植入危险代码。

当开发完 JavaScript 代码并公布或集成在由第三方维护的产品中时，有一点偏执是好事情。

typeof、正则表达式、indexOf()、拆分与长度都是您的朋友，换句话说，尽可能地确保输入的数据格式正确。

在使用本机 JavaScript 时会出现很多错误，如果你在某个地方出错，就会知道发生什么了。大多数 JavaScript 库令人苦恼的地方在于，即使它们执行某些功能出错，也不会给出提示。维护者只能猜测并检索整个代码，并利用断点调试来逆向找出你输入的不稳定代码。为防止这种情况发生，你应该将所有代码打包在一个测试用例中，而不是尝试访问它。

5.5 罪状 3：使用错误的技术进行设计

使用错误的工具进行设计是 JavaScript 最大的问题。它使维护变得艰难并会使代码质量恶化。使用最合适的工具，这意味着：

- 无论在何种环境之中，内容和标记都必须采用 HTML 格式；
- 所有的“外观”元素都应该可以通过 CSS 进行维护，不应该搜索整个 JavaScript 代码以改变一个颜色；
- 所有超越悬浮效果的用户交互（根据定义，这是交互邀请而不是交互本身——因为键盘用户无法访问它们）都应该使用 JavaScript 实现。

为什么说这仍然是一种有效、务实且明智的开发方法呢？主要原因在于随着网络技术的丰富多样（例如，可以利用 CSS 和 JavaScript 创建内容，在 CSS 中产生动画和变换——如果你真想的话——还可以使用 HTML 进行绘画），人们的技能和对不同技术的兴趣也相当多样化。

语义标记爱好者对在 JavaScript 中应用闭包没太多兴趣，JavaScript 开发人员也对 CSS 中的元素顺序无甚兴趣 ,CSS 迷们也不热衷于建立 JavaScript 无闪烁的动画。

同一个问题通过了一次次解决得出结果，只是通过不同的技术而已。这是个行业性的问题：许多经典问题在很多年前已经被解决，但它们的作用仍然被争论，问题仍然有待解决。

我最感兴趣的例子是，人们会用循环来隐藏页面中的许多元素以备后用。

比如在 HTML 中：

```
<h2>Section 1</h2>
<div class="section">
 <p>Section 1 content</p>
</div>

<h2>Section 2</h2>
<div class="section">
 <p>Section 2 content</p>
</div>

<h2>Section 3</h2>
<div class="section">
 <p>Section 3 content</p>
</div>

<h2>Section 4</h2>
<div class="section">
 <p>Section 4 content</p>
</div>
```

通用的 jQuery 解决方法是：

```
$(document).ready(function(){
 $('.section').hide();
 $('h2').click(function(e){
  $(this).next().toggle();
 })
});
```

然后，如果能实现当前区域的样式与其他区域的样式分离的话就更棒了。

```
$(document).ready(function(){
 $('.section').hide();
 $('h2').click(function(e){
  $(this).next().toggle();
  $(this).next().css('background','#ccc');
  $(this).next().css('border','1px solid #999'
  $(this).next().css('padding','5px');
 })
});
```

这里有一些问题。对于初学者，你很难在 JavaScript，而不是 CSS（稍后进一步讨论）中通过控制外观来维护此代码。其次，性能的问题：当 jQuery 飞速执行的时候，很多代码依然隐藏在 $(' .section ').hide() 下。最后也是最令人头疼的是，设置 CSS 的复制和粘贴行成为性能问题。不要要求 jQuery 能连续四次寻找兄弟元素并作出相应的处理。可以用变量来存储 next()，甚至链接都不需要这个。如果真的需要在 jQuery 中设置许多 CSS，那么使用映像：

```
$(document).ready(function(){
 $('.section').hide();
 $('h2').click(function(e){
  $(this).next().toggle().css({
   'background':'#ffc',
   'border':'1px solid #999',
   'padding':'5px'
  });
 })
});
```

如果想在任何时候只允许打开其中一个，没有经验的开发者会这样做：

```
$(document).ready(function(){
 $('.section').hide();
 $('h2').click(function(e){
  $('.section').hide();
  $(this).next().toggle().css({
   'background':'#ffc',
   'border':'1px solid #999',
   'padding':'5px'
  });
 })
});
```

这样可以实现，但是在文件周围循环并访问 DOM 过多，会导致速度减慢，可以通过将当前打开区域放入变量中来减缓压力。

```
$(document).ready(function(){
 var current = false;
 $('.section').hide();
```

```
 $('h2').click(function(e){
  if(current){
   current.hide();
  }
  current = $(this).next();
  current.toggle().css({
   'background':'#ffc',
   'border':'1px solid #999',
   'padding':'5px'
  });
 })
});
```

当单击第一个标题时进行设置，将当前区域预定义为 false。只有当其为 ture 时可隐藏当前区域，因此就不需要循环遍历所有元素来寻找含有 section 类的元素了。

但现在有个有趣的事情：如果你希望的是显示和隐藏区域，其实并不需要任何循环！ CSS 在渲染和应用类的时候已经遍历整个文件了。只需要给 CSS 引擎一些继续运行的动力，比如针对该文件体的一个类：

```
$(document).ready(function(){
 $('body').addClass('js');
 var current = null;
 $('h2').click(function(e){
  if(current){
   current.removeClass('current');
  }
  current = $(this).next().addClass('current');
 })
});
```

通过对文件体添加 js 类，并对当前区域切换 current 类，就可以维持 CSS 中对外观的控制了。

```
<style type="text/css" media="screen">
 .section{
  border:1px solid #999;
```

```
  background:#ccc;
 }
 .js .section{
  display:none;
 }
 .js .current{
  display:block;
  border:1px solid #999;
  background:#ffc;
 }
</style>
```

这样做的好处在于 CSS 设计和维护人员可以反复使用该处理。任何没有 .js 选择器的东西都将会是文档非脚本支持版本的一部分，带有 .js 选择器的东西只能在 JavaScript 可用时应用。当然，也应该考虑没有 .js 选择器的情况。

5.6 罪状 4：依赖于 JavaScript 和特定输入设备

有关当前时代需要考虑非 JavaScript 环境的讨论非常多，但现状是：可以关闭 JavaScript，并且任何 JavaScript 会为包括的其他脚本中断页面。鉴于你身边所能运行的片状代码，以及无线和移动连接的不稳定性，我一直想构建一件东西：可以运行的代码。

所以，如果想要人们使用你的产品的话，确保其基本功能不依赖于 JavaScript 是件非常必要但又不好做到的事情。

大量地使用 JavaScript 绝对没有错。相反，如果做得好的话，它会使网络更加顺畅并且能节省时间。但你永远不应该在无法工作的功能上做出任何承诺。如果过分依赖 JavaScript，实际上你就违背了承诺。我在 AJAX、JavaScript 测试、安全性等相关文章中曾经详细地介绍了质量差的 JavaScript 语句所带来的影响，在 Smashing Magazine 中，我必须再次强调一些简单的步骤来确保你不要违背对终端用户的承诺。

- 对产品功能重要的东西不应该依赖 JavaScript。可以使用表格、链接、服务器端验证和重定向脚本。
- 如果某些东西依赖于 JavaScript，那么使用 JavaScript 建立它，并使用你选择的库中的 DOM 或类似方法将其添加到文档中。

- 添加 JavaScript 功能时，确保其可以与键盘和鼠标兼容。单击和提交处理器是普遍适用的，而按键和鼠标事件是片面的，在移动设备上无法工作。

- 通过编写一些在 JavaScript 需要时可以被识别的后端代码，而不是构建渲染 HTML 的 APIS，可防止许多“人人启用 JavaScript”狂热分子所带来的“双重维护”。可以查看我在几个星期前所做的关于运用 YQL 和 YUI 构建网络应用的讲座（英 / 德文视频 ,http://www.yuiblog.com/blog/2010/02/11/Video-he:cmann-yql/ ）。

什么时候适合依赖 JavaScript（至某种程度）

产生的许多有关 JavaScript 依赖性源自人们的误解，使所有的语句都基于人们所工作的环境。

如果你是谷歌 Gmail 的工程师，你定会冥思苦想为什么会有人因为工作中不使用 JavaScript 而感到烦恼。这对于从事于 OpenSocial 部件、移动应用、苹果部件和 Adobe Air 部件开发的工程师来说也一样。换而言之，如果你的坏境已经依赖于 JavaScript，那就不要为低效率而抱怨。

但不要将这些封闭环境和极端例子作为评价 JavaScript 的标准。JavaScript 其功能强但问题多的原因在于其多功能性。比说如，所有的网站都可以忍受 JavaScript，因为 Gmail 需要它，就像所有的车都需要一个启用按钮，因为他们在混合状态下工作更好。或者就像因为悍马性能良好是因为混合动力车需要巨大的油箱和控制装置。产品的技术特征取决于它的实现和目标市场，不同的应用需要满足不同的功能去吸引消费者。

考虑使用安全和维护性

关于依赖 JavaScript 代码的一个有趣的现象是，在很多情况下，人们并没有考虑所有的用例（这里是个经典的例子）。请考虑下述 HTML：

```
<form action="#" id="f">
 <div>
  <label for="search">Search</label>
  <input type="text" value="kittens" id="search">
```

```
  <input type="submit" id="s" value="go">
 </div>
</form>
<div id="results"></div>
```

如果没有 JavaScript，这段话没有任何意义。没有明显的 action 属性，文本字段就没有 name 属性。因此，即使将表单发送出去，服务器也无法获取用户输入的信息。

使用 jQuery 和一个诸如 YQL 的 JSON 数据源，可以进行单纯的 JavaScript 搜索。

```
$('#s').click(function(event){
 event.preventDefault();
 $('<ul/>').appendTo('#results');
 var url =
 $.getJSON('http://query.yahooapis.com/v1/public/yql? '+
      'q=select%20abstract%2Cclickurl%2Cdispurl%2Ctitle%20'+
      'from%20search.web%20where%20query%3D%22'+
      $('#search').val() + '%22&format=json&'+
      'callback=?',
  function(data){
   $.each(data.query.results.result,
    function(i,item){
     $('<li><h3><a href="'+item.clickurl+'">'+
      item.title+' ('+item.dispurl+')</a></h3><p>'+
      (item.abstract || '') +'</p></li>').
     appendTo("#results ul");
    });
  });
});
```

除非你像我一样喜欢按 Enter 键而不是单击 Submit 按钮来发送表单格式。否则我要遍历整个表单并单击 Submit 按钮，要不得不到任何反应。

因此，第一个要修复的地方就是如果需要创建表单，不要使用按钮上的单击处理器，而是要使用表单的提交事件。这样就包含了单击 Submit 和按下 Enter 两种情况。只要稍做修改，在这里就可以支持所有键盘用户了，所有的变化都包含在第一行。

```
$('#f').submit(function(event){
 event.preventDefault();
 $('<ul/>').appendTo('#results');
 var url =
 $.getJSON('http://query.yahooapis.com/v1/public/yql? '+
      'q=select%20abstract%2Cclickurl%2Cdispurl%2Ctitle%20'+
      'from%20search.web%20where%20query%3D%22'+
      $('#search').val() + '%22&format=json&'+
      'callback=?',
  function(data){
   $.each(data.query.results.result,
    function(i,item){
     $('<li><h3><a href="'+item.clickurl+'">'+
      item.title+' ('+item.dispurl+')</a></h3><p>'+
      (item.abstract || '') +'</p></li>').
      appendTo("#results ul");
    });
  });
});
```

这样就满足了第一种情况，但是如果没有 JavaScript，表单还是不起任何作用。另外一个问题就将我们带到 JavaScript 的另一个罪状之中。

5.7 罪状 5：使维护变成不必要的麻烦

网络优良代码越来越少的一个重要因素在于我们的工作环境、截止日期和快速代码开发人员的招聘大环境，缺乏对日后维护代码难度的考量。我曾将 JavaScript 称为网络设计的乡村自行车：任何人都可以试骑。因为如果代码是开源的，将来的维护人员就可以随意摆弄和拓展。

不幸的是，代码越难维护，就会增加更多的错误，导致代码混乱不堪。

举上面的例子，没有接触过 YQL 和 JSON-P 的人员在看代码时对于 AJAX 就会充满疑惑。此外，在 JavaScript 中保持大量 HTML 简单易懂非常困难，猜想一下，一位新页面设计人员要改变的第一件事是什么？当然是 HTML 和 CSS。所以，为了使代码易于维护，我支持将所有的工作移至后端，从而在同一个文档中使表单脱离 JavaScript 运行并保持维护所有的 HTML。

```
<?php
if(isset($_GET['search'])){
 $search = filter_input(INPUT_GET, 'search', FILTER_SANITIZE_ENCODED);
 $data = getdata($search);
 if($data->query->results){

  $out = '<ul>';

  foreach($data->query->results->result as $r){

   $out .= "<li>
         <h3>
          <a href=\"{$r->clickurl}\">{$r->title}
           <span>({$r->dispurl})</span>
          </a>
         </h3>
         <p>{$r->abstract}</p>
        </li>";
  }

  $out .= '</ul>';

 } else {

  $out = '<h3>Error: could not find any results</h3>';

 }
}

if($_SERVER['HTTP_X_REQUESTED_WITH']!=''){
 echo $out;
 die();
}
?>
<!DOCTYPE HTML PUBLIC "-//W3C//DTD HTML 4.01//EN"
 "http://www.w3.org/TR/html4/strict.dtd ">
<html>
<head>
```

```
 <meta http-equiv="Content-Type" content="text/html; charset=UTF-8">
 <title>Ajax Search with PHP API</title>
 <link rel="stylesheet" href="styles.css" type="text/css">
</head>
<body>
 <form action="independent.php" id="f">
  <div>
   <label for="search">Search</label>
   <input type="text" value="kittens" name="search" id="search">
   <input type="submit" id="s" value="Go">
  </div>
 </form>
 <div id="results"><?php if($out!=''){echo $out;}?></div>
 <script src="jquery.js"></script>
 <script src="ajaxform.js"></script>
</body>
</html>
<?php
function getdata($search){
 $url = 'http://query.yahooapis.com/v1/public/yql? '.
     'q=select%20abstract%2Cclickurl%2Cdispurl%2Ctitle%20'.
     'from%20search.web%20where%20query%3D%22'.$search.'%22'.
     '&format=json';
 $ch = curl_init();
 curl_setopt($ch, CURLOPT_URL, $url);
 curl_setopt($ch, CURLOPT_RETURNTRANSFER, 1);
 $output = curl_exec($ch);
 curl_close($ch);
 $data = json_decode($output);
 return $data;
}
?>
```

不了解 PHP 的人仍可以改变 HTML 显示而不用更改代码。JavaScript 可以归结为非常简单的脚本：

```
$('#f').submit(function(event){
 event.preventDefault();
```

```
 $.get('independent.php?search=' + $('#search').val(),
  function(data) {
   $('#results').html(data);
  }
 );
});
```

使代码更易于维护的常用方法是：将所有可能会从脚本主功能模块移走的代码变成脚本最顶端的配置对象。可以将其作为对象返回并允许人们在初始化主功能之前进行设置。

所以，对我们之前的例子可以进行的改动是——虽然很小，但在更多要求提出时可以很快改变——在定义 CSS 类之前划分一个配置区域。

```
$(document).ready(function(){
 /* Configuration object - change classes, IDs and string here */
 var config = {
 /* CSS classes that get applied dynamically */
  javascriptenabled:'js',
  currentsection:'current'
 }

 /* functionality starts here */
 $('body').addClass(config.javascriptenabled);
 var current = null;
 $('h2').click(function(e){
  if(current){
   current.removeClass(config.currentsection);
  }
  current = $(this).next().addClass(config.currentsection);
 })
});
```

有关配置对象更多的信息及其对维护性的支持，请参阅博客帖子“提供脚本配置的内联函数和编程方式”,http://www.wait-till-i.com/2008/05/23/script-configuration/。

总而言之，在完成代码并由别人接手之前，重新检查一下自己的代码。

5.8　罪状 6：未进行文档整理的代码

“好的代码会自行进行文档整理”，这是个普遍认同但却误导人的信条。在我作为开发人员的这些年里，编程的风格一直在变化。2004 年的编程常识和操作实践如今可能已经被遗忘甚至被当成拙劣的方式。

为了使代码能在不同的浏览器中工作而记录一些技巧和工作区是一种好方法。允许将来维护人员在目标浏览器版本过时或某个库可以修复问题的时候删除文件。

注释代码可以允许维护人员追踪到他们需要获得一些参考信息的地方，并使得人们更容易地将代码整合到更高的方案和库中（这也就是我的工作）。因为 JavaScript 代码可以在网络（相关博客和代码源网站）上复制，这也是使你成名的一种方法。

注释有用的信息，对于显而易见的信息就不用注释了。以下是一些我觉得有必要注释出的信息。

- 必要的技术

浏览器技术，内容清除，需要服务器端支持但未执行的内容。

- 可能需要改变的区域

实时解决方案，ID、类和字符串（之前解释过）。

- 类的开始处和可重用函数

包含名称、作者、版本、日期和证书。

- 第三方代码

当信用到期时重新分配信用。

- 相关性区域

像这样一类注释，“需要自带密钥的谷歌 API 函数——这部分在你的服务器上无法使用”。

简而言之，将与常用代码不同的地方注释出来。我倾向于使用 /* */ 而不是

//，以防别人误删换行符的时候产生错误。

特殊情况：注释掉代码

一种特殊情况就是注释将来可能使用的区域或基于功能但目前不可用的代码。这非常有用，但也存在安全风险，取决于你注释掉的代码类型。例如，不要留下任何指向不可用但可能随时半执行的服务器端 API。我就见过这类情况，管理者在 HTML 中注释掉的是完全不受保护的链接路径。

并且，注释掉代码在调试时也非常有用，一个很好的用法如下：

```
/*

myFunction('do something');

// */
```

代码现在是被注释掉了，但仅需要在第一个注释符之前加上斜线就可以解除注释。

```
//*

myFunction('do something');

// */
```

此用法在整合模块时用处甚大。

5.9　罪状 7：为机器而非人优化

最后一大罪状是基于大量对我们有用的信息过度优化的 JavaScript。在当前浏览器环境下可以找到许多性能优化的信息，请注意是“当前浏览器环境”——更多的信息特定于浏览器和版本，并且是当前无可避免之灾祸。如果应用很大或者网站访问量大，了解并应用这些信息可以创建网站，也可能摧毁网站。许多这种信息都应用于小型项目和对环境影响较小的地方。这种优化使得维护代码更加困难；要使浏览器在大规模的网络上快速运行，如使用 document.write() 写出脚本节点，我们需要做的事情非常杂乱。

在面临是编写清晰且易于修改、拓展和理解的代码，还是选择每个页面加载都缩短两毫秒时，我倾向于选择前者。许多 JavaScript 优化可以在整个脚本中进行。与其在每个 JavaScript 性能中对输入输出进行优化指导，不如让专家组（甚至是一种工具）在启用代码之前进行优化。

如果可以使用机器来做任何事以使工作更简单，那么就去做吧。同利用后端代码一样，尽可能多地使用前端代码来建立过程而不是强迫自己遵循常规编码流程的时代已经到来。

JavaScript 动画计算详解

第6章

Christian Heilmann

在上学的时候我就非常讨厌数学，觉得数学就是一件非常枯燥乏味的东西，都是一些古板的旧书和纯理论问题。更糟糕的是，许多问题都是重复性的，在每个迭代中加上简单的逻辑改变（手动划分数据，差分等），这正是我们发明电脑的原因。其实我的许多数学作业都是用我信赖的 Commodore64 电脑和几行 Basic 代码完成的，我只将其结果复制一下而已。

这些工具和上过的几何课给了我时间和灵感让我自己对数学产生兴趣。我第一次做的事情是在演示、介绍其他似乎毫无意义的事情中加入遵循数学规则的可视化效果。

我们所做的可视化工作中包含了许多数学，即使我们没有意识到的地方也包含了许多数学。如果想要让某样事物看起来自然并行动得更为自然，需要添加一些物理和圆角。大自然并不在直角或线性加速下工作，这也是电影中僵尸看起来那么恐怖的原因。这在之前的 CSS 动画中也有介绍，今天我们来更深入地了解一些平滑视觉背后的简单数学方式。

6.1 从 0 到 1 的有趣过程

如果你才刚刚学会编程，并要求在 0 到 1 的变化过程中插入几步的话，很可能需要使用 for 循环语句来实现。

```
for ( i = 0; i <= 1; i += 0.1 ) {
 x = i;
 y = i;
…
}
```

结果是生成一条 45° 角的斜线，自然界中并不会有这样精度的运动存在。

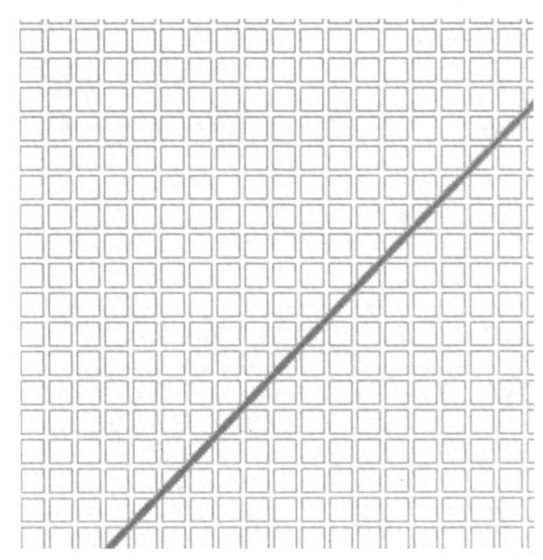

能让该运动看起来更自然的一种简单方法就是将该值乘以自身：

```
for ( i = 0; i <= 1; i += 0.1 ) {
 x = i;
 y = i * i;
}
```

这就意味着 0.1 对应 0.01，0.2 对应 0.04，0.3 对应 0.09，0.4 对应 0.16，0.5 对应 0.25，等等。结果是曲线开始平坦然后慢慢变陡。

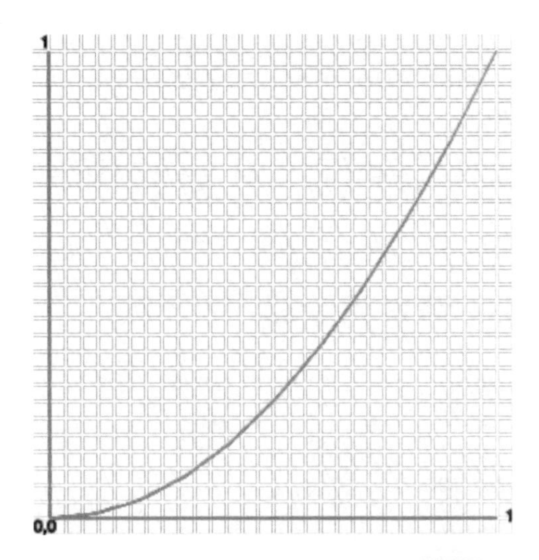

可以继续乘或者使用乘方函数 Math.pow()。

```
for ( i = 0; i <= 1; i += 0.1 ) {
 x = i;
 y = Math.pow( i, 4 );
}
```

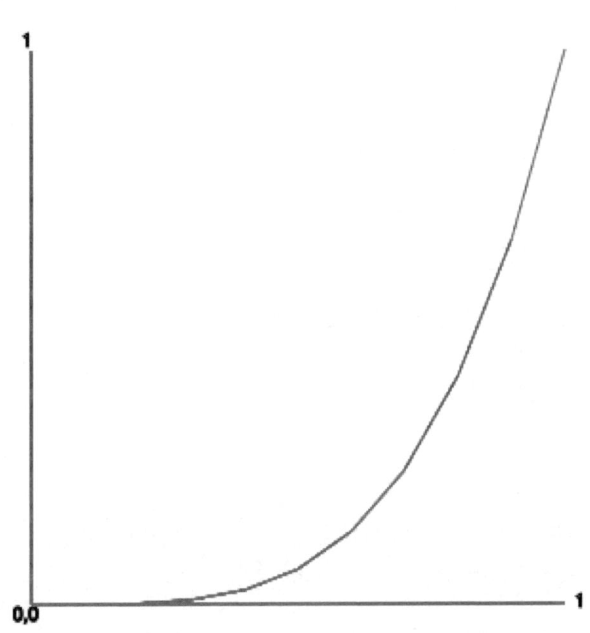

这就是在诸如 jQuery 和 YUI 库中缓动函数的使用技巧之一，也是在现代浏览器中使用 CSS 过渡和动画的技巧之一。

你也可以使用相同的方式，但是有一种甚至更简单的选择，能以自然的运动方式获取从 0 到 1 之间的值。

6.2　不是罪状，只是一种自然运动

正弦波可能是模拟平滑运动的最好选择，在自然界中有很多例子：挂重物的弹簧运动、海浪、声波和光波。

就我们而言，我们希望得到从 0 到 1 更平滑的运动方式。

要创建从 0 到 1 再返回到 0 的平滑运动，可以使用从 0 滑到 π 变化过程的正弦波。从 0 到 2π（即一个完整的圆圈）的完整正弦波会产生从 -1 到 1 的值，我们不希望这样。

```
var counter = 0;

// 100 iterations
var increase = Math.PI / 100;

for ( i = 0; i <= 1; i += 0.01 ) {
 x = i;
 y = Math.sin(counter);
 counter += increase;
}
```

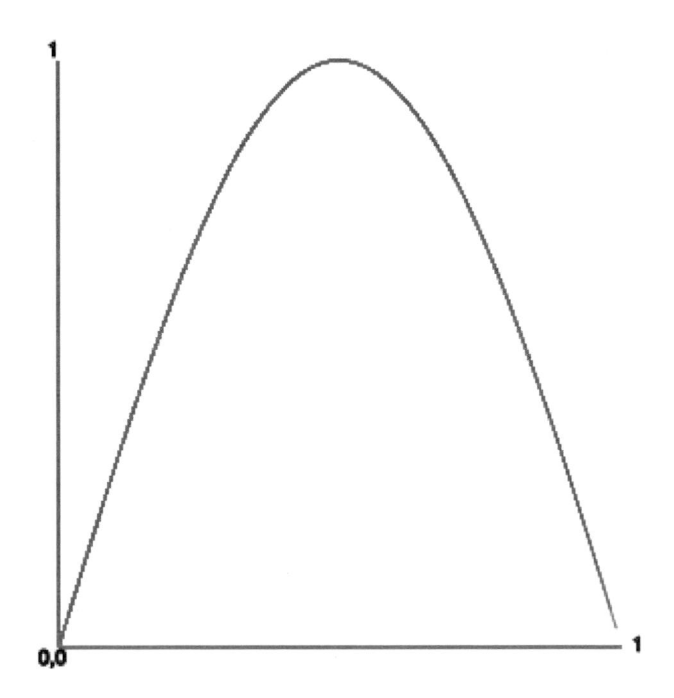

关于正弦波和余弦波的注意事项：Math.sin() 和 Math.cos() 函数都将参数看成弧度的值，而人们大多数习惯使用 0° 到 360° 的概念，这就是为什么可以且必须使用简单的公式进行转换的原因。

```
var toRadian = Math.PI / 180;
var toDegree = 180 / Math.PI;

var angle = 30;

var angleInRadians = angle * toRadian;
var angleInDegrees = angleInRadians * toDegree;
```

回到正弦波，可以经常这样使用。例如，可以使用完整 2π 循环的绝对值。

```
var counter = 0;
// 100 iterations
var increase = Math.PI * 2 / 100;

for ( i = 0; i <= 1; i += 0.01 ) {
 x = i;
 y = Math.abs( Math.sin( counter ) );
 counter += increase;
}
```

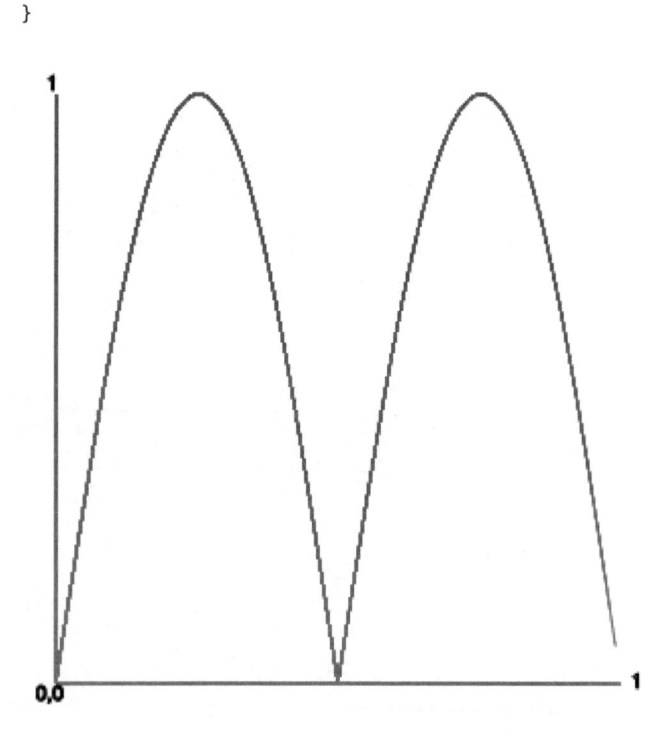

但是这样看起来不平滑，如果想要完整的上下波形，而没有中间的断开，需要转换值，取正弦的一半再加上 0.5。

```
var counter = 0;
// 100 iterations
var increase = Math.PI * 2 / 100;

for ( i = 0; i <= 1; i += 0.01 ) {
 x = i;
 y = Math.sin( counter ) / 2 + 0.5;
 counter += increase;
}
```

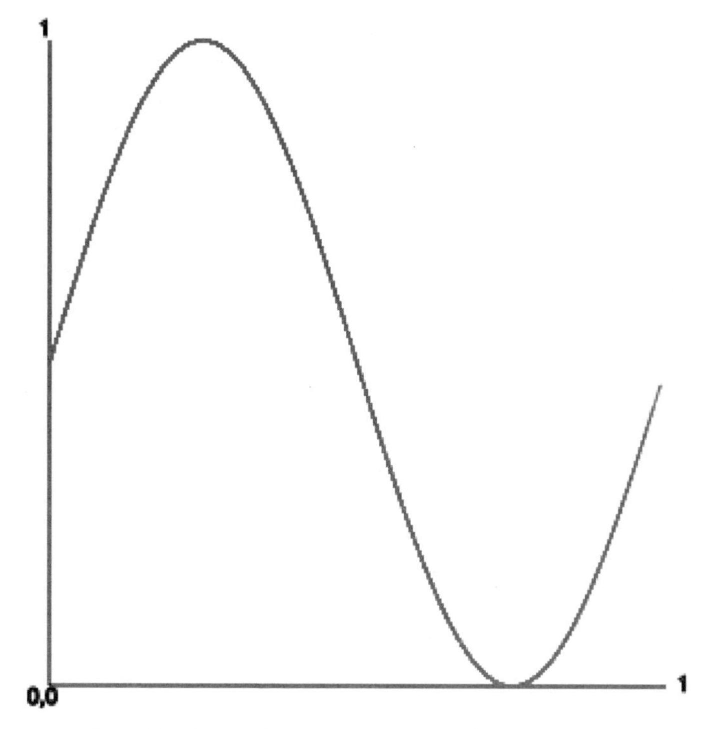

那么，如何利用它呢？拥有一个无论输入什么都可以返回 -1 到 1 的函数将会非常酷。你要做的就是将它乘以一个值并加上一个偏移以防止出现负数。

例如，查阅其正弦波运动演示。

是不是看起来很整洁？ CSS 中其实已经包含了很多这种技巧。

```
.stage {
 width:200px;
 height:200px;
 margin:2em;
 position:relative;
 background:#6cf;
 overflow:hidden;
}

.stage div {
 line-height:40px;
 width:100%;
 text-align:center;
 background:#369;
 color:#fff;
 font-weight:bold;
 position:absolute;
}
```

stage 元素有固定的尺寸和相对位置。这意味着其中按绝对方式定位的所有内容将相对于元素本身来定位。

stage 中的 div 变量高 40 个像素并以绝对位置定位。我们现在要做的就是利用 JavaScript 在正弦波中移动 div。

```
var banner = document.querySelector( '.stage div' ),
  start = 0;
function sine(){
 banner.style.top = 50 * Math.sin( start ) + 80 + 'px';
 start += 0.05;
}
window.setInterval( sine, 1000/30 );
```

起始值不停变化，利用 Math.sin() 函数可以得到更好的波形。我们将之乘以 50 以获得更宽的波形，加上 80 个像素来将其定位于 stage 元素中心。是的，元素为 200 像素高，则 100 为其一半，但因为标题 40 像素高，需要减掉一半以进行中心定位。

现在出现的是简单的上下运动曲线，但没有什么可以阻止你让它变得更有趣。以乘上系数 50 为例，可以得到不同值的正弦波。

```
var banner = document.querySelector( '.stage div' ),
  start = 0,
  multiplier = 0;
function sine(){
 multiplier = 50 * Math.sin( start * 2 );
 banner.style.top = multiplier * Math.sin( start ) + 80 + 'px';
 start += 0.05;
}
window.setInterval( sine, 1000/30 );
```

这样的结果是标题暂时性的上下移动。回顾 Commodore 64 的年代，计算正弦波动非常的慢。取而代之，我们拥有产生正弦表格（如果需要的话可以是数组）的工具来直接绘制。Wix Bouncer 是其中一款非常强大的工具，它能够产生正弦波以获得跳跃滚动文本。

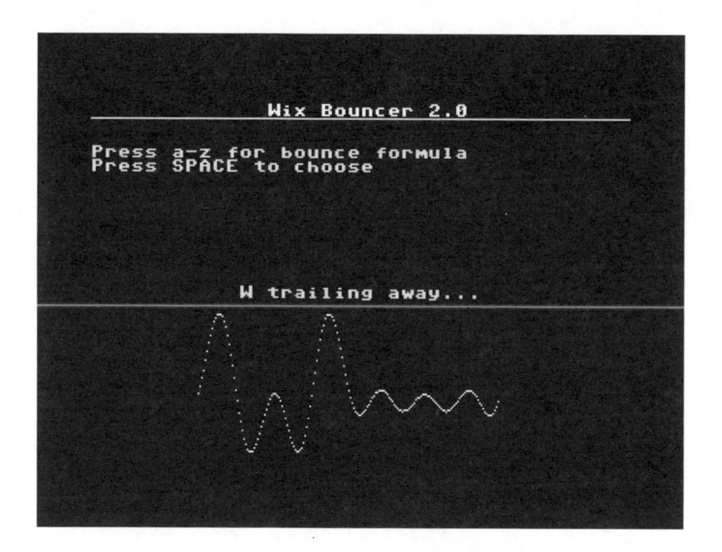

6.3 沙堆中的圆圈，周而复始

圆周运动非常美妙，可以愉悦眼球，让我们想起纺车和地球，一般会有“这不是电脑产物”的感觉。在圆上画东西的数学并不难。

追溯到毕达哥拉斯，据说他曾经在沙堆上画了许多圆才发现了著名的毕达哥拉斯定理。如果想要利用该理论的精髓，请找到一个直角三角形。如果斜边是 1，可以很容易地计算出水平边为 x 角度的余弦，竖直边为 x 角度的正弦。

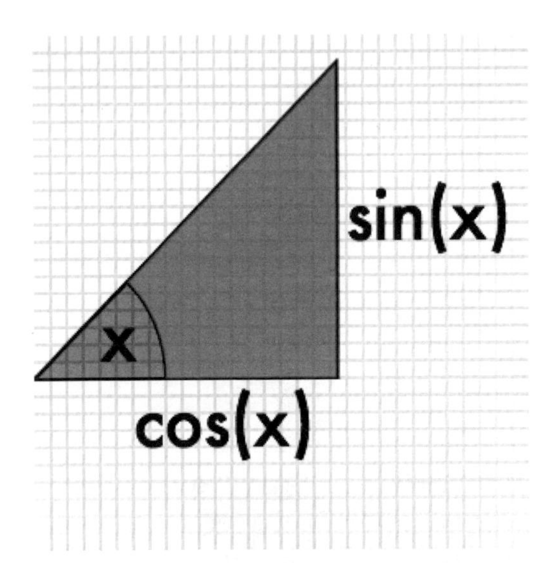

这与圆有什么关系呢？其实很容易在圆上任意点上找到直角三角形。

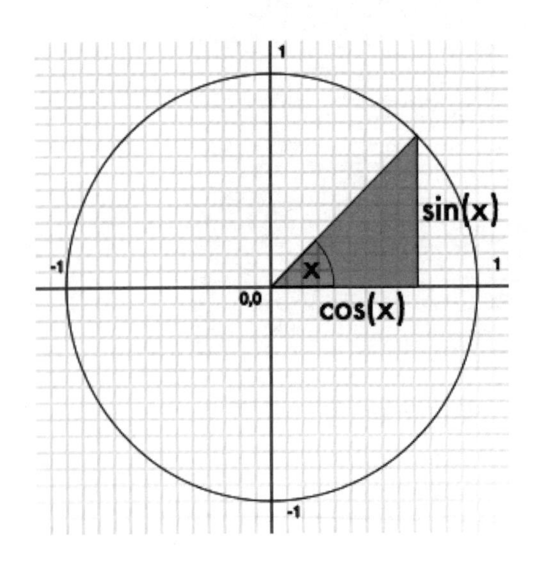

这意味着如果想在圆上画一个东西，可以利用循环、正弦和余弦来实现。圆角度为 360° 或 2π 弧度。让我们试一试——但首先需要编写一些绘图代码。

6.4 一种快速 DOM 绘图程序

通常我会使用 canvas，但为了兼容旧的浏览器，让我们用 DOM 实现。下面的帮助函数将 div 元添加到 stage 元素中并允许我们不必通过 DOM 烦人的样式设计就能进行定位、改变方向、设置颜色、更改内容和旋转操作。

```
Plot = function ( stage ) {

 this.setDimensions = function( x, y ) {
  this.elm.style.width = x + 'px';
  this.elm.style.height = y + 'px';
  this.width = x;
  this.height = y;
 }
 this.position = function( x, y ) {
  var xoffset = arguments[2] ? 0 : this.width / 2;
  var yoffset = arguments[2] ? 0 : this.height / 2;
  this.elm.style.left = (x - xoffset) + 'px';
  this.elm.style.top = (y - yoffset) + 'px';
  this.x = x;
  this.y = y;
 };
 this.setbackground = function( col ) {
  this.elm.style.background = col;
 }
 this.kill = function() {
  stage.removeChild( this.elm );
 }
 this.rotate = function( str ) {
  this.elm.style.webkitTransform = this.elm.style.MozTransform =
  this.elm.style.OTransform = this.elm.style.transform =
  'rotate('+str+')';
 }
 this.content = function( content ) {
  this.elm.innerHTML = content;
```

```
    }
    this.round = function( round ) {
     this.elm.style.borderRadius = round ? '50%/50%' : '';
    }
    this.elm = document.createElement( 'div' );
    this.elm.style.position = 'absolute';
    stage.appendChild( this.elm );

};
```

这里唯一新的东西是利用不同的浏览器前缀转换和定位。人们经常在创建方向为 w 和 h 的 div 并将其设置为屏幕上的 x 和 y 时犯错。这意味着必须经常处理高宽的偏移。通过在定位 div 之前减去一半的高度和宽度，可以实现任意定位——不考虑方向。这里是一个例子：

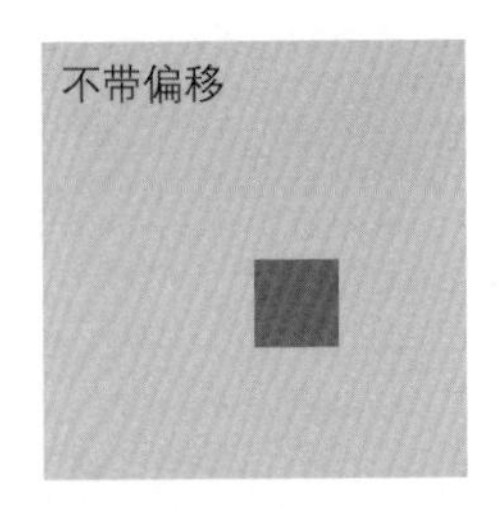

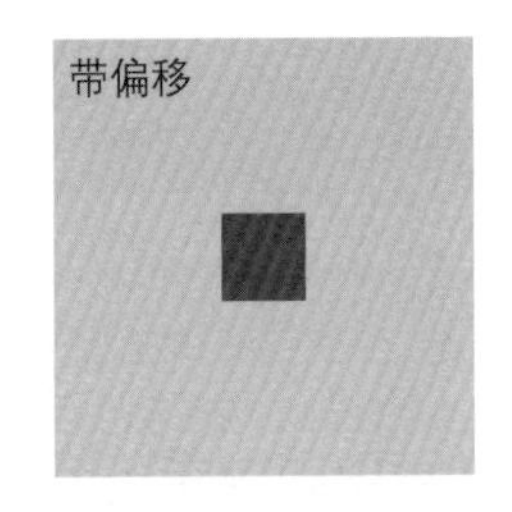

现在，我们使用它画出排成圆形的 10 个矩形。

```
var stage = document.querySelector('.stage'),
  plots = 10;
  increase = Math.PI * 2 / plots,
  angle = 0,
  x = 0,
  y = 0;

for( var i = 0; i < plots; i++ ) {
 var p = new Plot( stage );
 p.setBackground( 'green' );
 p.setDimensions( 40, 40 );
 x = 100 * Math.cos( angle ) + 200;
 y = 100 * Math.sin( angle ) + 200;
 p.position( x, y );
 angle += increase;
}
```

想要 10 件东西摆成一个圆形，就需要找到它们的摆放角度。圆为两倍的 Math.PI，我们要做的是除法。矩形的 x、y 位置可以由我们想要摆放的位置计算出，x 为余弦，y 为正弦，这在毕达哥拉斯例子中提过。我们还要做的就是在页面中定位圆心（(200,200) 是页面中心点），完成之后，就可以在画布上用 10 步画出半径为 100 像素的圆。

问题是图非常难看，如果想在圆上画东西，它们的角度应该指向圆心，对吗？因此，我们需要计算出直角方形的切角，这在迷人的“数学很有趣”页面（http://www.mathsisfun.com/algebra/trig-finding-angle-right-triangle.html）里有描述。在 JavaScript 中，可以利用 Math.atan2() 函数实现，结果看起来好多了。

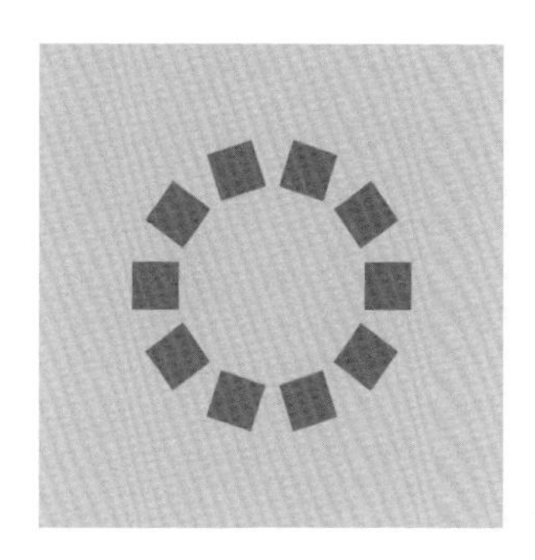

```
var stage = document.querySelector('.stage'),
  plots = 10;
  increase = Math.PI * 2 / plots,
  angle = 0,
  x = 0,
  y = 0;

for( var i = 0; i < plots; i++ ) {
 var p = new Plot( stage );
 p.setBackground( 'green' );
 p.setDimensions( 40, 40 );
```

注意，CSS 旋转操作可以在本例中给我们提供许多帮助。否则，利用数学来旋转矩形可没那么有趣。CSS 转换也是将半径和角度作为参数值，本例中，我们使用 rad，如果想旋转一个角度，使用 deg 作为该参数值。

现在可以产生动画了吗？首先要做的是修改一下脚本，因为我们不想连续产生新的图形，我们在旋转圆之前需要持续增加起始角度。

```
var stage = document.querySelector('.stage'),
  plots = 10;
  increase = Math.PI * 2 / plots,
  angle = 0,
  x = 0,
  y = 0,
  plotcache = [];

for( var i = 0; i < plots; i++ ) {
 var p = new Plot( stage );
 p.setBackground( 'green' );
 p.setDimensions( 40, 40 );
 plotcache.push( p );
}

function rotate(){
 for( var i = 0; i < plots; i++ ) {
  x = 100 * Math.cos( angle ) + 200;
  y = 100 * Math.sin( angle ) + 200;
  plotcache[ i ].rotate( Math.atan2( y - 200, x - 200 ) + 'rad' );
```

```
    plotcache[ i ].position( x, y );
    angle += increase;
  }
  angle += 0.06;
}

setInterval( rotate, 1000/30 );
```

还要干什么？在这个基础之上旋转文本信息怎么样？这个操作的技巧在于我们在每个迭代中需要将字母旋转 90°。

```
var stage = document.querySelector('.stage'),
  message = 'Smashing Magazine '.toUpperCase(),
  plots = message.length;
  increase = Math.PI * 2 / plots,
  angle = -Math.PI,
  turnangle = 0,
  x = 0,
  y = 0,
```

```
  y = 0,
  plotcache = [];

for( var i = 0; i < plots; i++ ) {
 var p = new Plot( stage );
 p.content( message.substr(i,1) );
 p.setDimensions( 40, 40 );
 plotcache.push( p );
}
function rotate(){
 for( var i = 0; i < plots; i++ ) {
  x = 100 * Math.cos( angle ) + 200;
  y = 100 * Math.sin( angle ) + 200;
  // rotation and rotating the text 90 degrees
  turnangle = Math.atan2( y - 200, x - 200 ) * 180 / Math.PI + 90 +
'deg';
  plotcache[ i ].rotate( turnangle );
  plotcache[ i ].position( x, y );
  angle += increase;
 }
 angle += 0.06;
}

setInterval( rotate, 1000/40 );
```

这里没有什么是固定的，你可以让圆半径持续变化，就像我们之前制作跳跃标题信息一样。下例是个例外：

```
multiplier = 80 * Math.sin( angle );
for( var i = 0; i < plots; i++ ) {
 x = multiplier * Math.cos( angle ) + 200;
 y = multiplier * Math.sin( angle ) + 200;
 turnangle = Math.atan2( y - 200, x - 200 ) * 180 / Math.PI + 90 + 'deg';
 plotcache[ i ].rotate( turnangle );
 plotcache[ i ].position( x, y );
 angle += increase;
}
angle += 0.06;
```

当然，也可以移动圆心。

```
rx = 50 * Math.cos( angle ) + 200;
ry = 50 * Math.sin( angle ) + 200;
for( var i = 0; i < plots; i++ ) {
 x = 100 * Math.cos( angle ) + rx;
 y = 100 * Math.sin( angle ) + ry;
 turnangle = Math.atan2( y - ry, x - rx ) * 180 / Math.PI + 90 + 'deg';
 plotcache[ i ].rotate( turnangle );
 plotcache[ i ].position( x, y );
 angle += increase;
}
angle += 0.06;
```

最后，只允许坐标轴在某一特定范围内变化?

```
function rotate() {
 rx = 70 * Math.cos( angle ) + 200;
 ry = 70 * Math.sin( angle ) + 200;
 for( var i = 0; i < plots; i++ ) {
  x = 100 * Math.cos( angle ) + rx;
  y = 100 * Math.sin( angle ) + ry;
  x = contain( 70, 320, x );
  y = contain( 70, 320, y );
  turnangle = Math.atan2( y - ry, x - rx ) * 180 / Math.PI + 90 + 'deg';
  plotcache[ i ].rotate( turnangle );
  plotcache[ i ].position( x, y );
  angle += increase;
 }
 angle += 0.06;
}
function contain( min, max, value ) {
 return Math.min( max, Math.max( min, value ) );
}
```

6.5 总结

以上只是对运用指数和正弦波在圆上画东西的简单说明。熟悉一下代码拨弄一下数字，仅仅改变一下半径或乘上角度，你会发现能创造出这么神奇的效果。为了帮助你学习，以下是一些关于 JSFiddle 的例子：

- 正弦跳动消息（http://isfiddle.net/codep08/tyEx6/11/）
- 双正弦跳动消息 (http://isfiddle.net/codep08/tgEx6/2/)
- 绘图偏移问题 (http://isfiddle.net/codep08/tgEx6/4/)
- 在圆上分配元素 (http://isfiddle.net/codep08/tgEx6/8/)
- 用正确的角度在圆上分配元素 (http://isfiddle.net/codep08/tgEx6/9/)
- 圆的旋转 (http://isfiddle.net/codep08/tgEx6/7/)
- 消息的椭圆旋转 (http://isfiddle.net/codep08/tgEx6/10/)
- 消息圆形旋转 (http://isfiddle.net/codep08/tgEx6/5/)
- 带边框的旋转消息滚动条 (http://isfiddle.net/codep08/tgEx6/6/)

第7章 使用 AJAX 爬行算法的可搜索式动态信息

Zack Grossbart

谷歌搜索偏爱简单、易于抓取的网站。你喜欢能够展示你的工作成果且流行的动态网站，但搜索引擎并不能运行你的 JavaScript 代码。这个酷酷的用于加载内容的 AJAX 程序正在伤害你的 SEO。

谷歌机器人能够轻松地解析 HTML，它们可以从你网站的边边拐拐里找到 Word 文档、PDF 文档甚至是图像。但是对它们而言，AJAX 内容却不易被发现。

7.1 AJAX 的问题

AJAX 彻底改变了网络，但它也隐藏了其内容。如果你有 Twitter 账户的话，试着看看你的资料页面的来源。那里并没有消息，只有代码。Twitter 页面上绝大多数内容都是通过 JavaScript 动态建立的，网络爬虫无法发现它们。这就是谷歌要发明 AJAX 爬网的原因。

因为谷歌无法从 HTML 中获得动态内容，你需要换一种方式来提供。但这里有两个问题：谷歌不会运行你的 JavaScript 程序，而且它不信任你。

谷歌检索整个网络，但它并不能运行 JavaScript。现代网站都是浏览器中运行的小应用程序，如果谷歌在检索时运行所有的程序将会大大降低检索速度。信任问题非常棘手，所有的网站都想在搜索结果中首先出现，你的网站与对手们竞争最高搜索位置。谷歌不能直接给你 API 函数来返回你的内容，因为有些网站会使用肮脏的掩蔽来使排名较高。搜索引擎无法确认你会做正确的事情。

谷歌需要你利用 AJAX 内容服务于浏览器而用简单的 HTML 服务于网络爬虫。换而言之，需要你将相同内容写成多种格式。

7.2 相同内容使用两种 URL

让我们从简单的例子开始。我是 Spiffy UI 开源项目组的成员之一，这是一个服务于快速开发的谷歌网络工具包（GWT）框架。我们想要展示我们的框架，所以我们利用 GWT 制作了 SpiffyUI.org。

GWT 是一种将许多内容放入 JavaScript 的动态框架。我们的 index.html 文件是这样的：

```
<body>
 <script type="text/javascript" language="javascript"
 src="org.spiffyui.spsample.index.nocache.js"></script>
</body>
```

所有的东西利用 JavaScript 添加到页面，我们利用散列标签控制内容（我在后面介绍原因）。当每次你想要转到程序的其他页面时，将会得到一个新的散列标签，单击 CSS 链接你将会停到这里：

http://www.spiffyui.org #css

绝大多数浏览器中地址栏中的 URL 将会是这样：

http://www.spiffyui.org/?css

我们利用 HTML5 进行了修复，我在文章稍后的地方会解释原因。

这种简单的散列很适合我们的应用程序，但它无法被爬虫检索。谷歌不知道散列标签的含义也无法从中获取内容，但它提供了另一种方法让网站返回内容。所以，我们通过添加一个惊叹号（感叹号）来让谷歌知道我们的散列是真实的 JavaScript 代码而非页面中的一个锚，像这样：

http://www.spiffyui.org #!css

这种散列感叹号是整个 AJAX 爬网策略的核心，当谷歌发现这两个符号在一起时，它就知道 JavaScript 隐藏了更多内容。它通过请求特殊的 URL 来获得全部内容：

http://www.spiffyui.org?_escaped_fragment_=css

新的 URL 将 #! 替换成 ?_escaped_fragment_=，利用 URL 参数而不是散列标签很重要，因为参数是发送给服务器的，而散列标签仅对浏览器可用。

当谷歌爬虫请求新的 URL 时，这个 URL 会让我们以 HTML 格式返回相同内容。疑惑吗？让我们一步一步地发现其工作原理。

7.3 HTML 代码片段

整个页面是以 JavaScript 呈现的，我们需要将内容转换成 HTML 格式以使其可被谷歌访问，第一步就是要将 SpiffyUI.org 拆分成 HTML 代码片段。

谷歌将网站看成是一组页面，所以我们也要这样提供内容。这对我们的应用而言很简单，因为我们有一组页面且每一页都是一个分离的逻辑区域，第一步是让页面生成书签。

7.3.1 制定书签

大多数时候，JavaScript 仅在页面中做修改：当单击某个按钮或弹出面板时，页面的 URL 不改变。对于简单页面没有问题，但如果是通过 JavaScript 提供内容，需要给用户独特的 URL，使他们能够收藏你应用的特定区域。

JavaScript 应用可以改变当前页面的 URL，所以它们可以利用散列标签制定书签。散列标签比任何 URL 机制都要更好，因为它们不会被发送到服务器端，它们只是 URL 的一部分，无需刷新页面即可改变。

散列标签本质上是一个值，该值在你的应用中具有实际意义。以下为你应用的某一块选定一个标签并添加上散列：

```
http://www.spiffyui.org #css
```

当用户再次访问 URL 时，我们利用 JavaScript 读取标签并使用户跳转到含有 CSS 的页面中。

你可以选定任何东西作为散列标签，但是，请保证其可读性，因为用户会直接查看它。我们一般使用 css、rest 和 security 等。

因为可以对任何东西添加散列标签，为谷歌添加额外的感叹号很容易，只需像这样在散列标签之前滑动：

```
http://www.spiffyui.org #!css
```

你可以手动管理你的所有散列标签，但大多数 JavaScript 历史框架会为你做这件事。所有支持 HTML4 的插件都使用散列标签，其中很多插件具有 URL 制定书签的选项。我们使用 Ben Lupton 的 History.js，它易于使用，开源且支持 HTML5 的历史集成。我们待会再做进一步讨论。

7.3.2 提交代码片段

散列标签使应用可进行书签处理，感叹号使其可被爬虫检索。谷歌现在可以这样请求特殊的转义片段 URL：

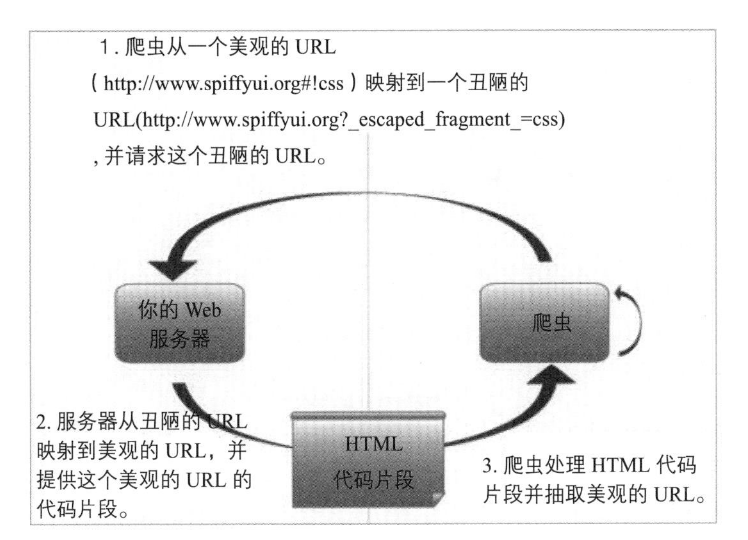

当爬虫访问丑陋的 URL 时，我们需要返回简单的 HTML。我们不能在 JavaScript 中处理这件事情，因为 JavaScript。所以，HTML 必须来源于服务器。

只要传递 HTML，就可以利用 PHP、Ruby 或其他语言实现服务器，SpiffyUI.org 是一款 Java 应用程序，因此我们利用 Java Servlet 来传递内容。

转义片段告诉我们要提供的内容，Servlet 告诉我们提供所提供内容来自的地方。我们需要的就是实际的内容。

获取要提供的内容比较棘手，绝大多数应用将内容混在代码之中，但我们不想从 JavaScript 中解析出可读文本。幸运的是，Spiffy UI 有一套 HTML 模板机制。模板嵌入在 JavaScript 中也包含在服务器端。当转义片段寻找 CSS ID 时，我们只需提供 CSSPanel.html。

模板没有任何样式因而看起来很简单，但谷歌需要的就是内容。用户看到的是我们包含各种样式和动态特性的页面。

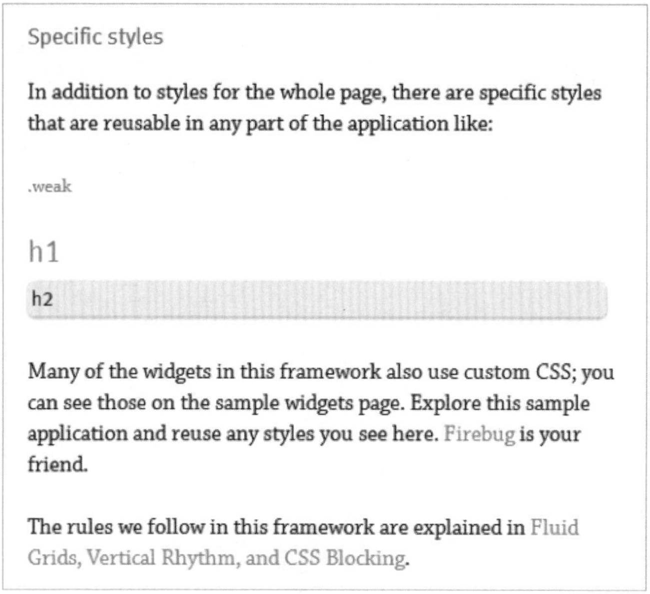

Specific styles

In addition to styles for the whole page, there are specific styles that are reusable in any part of the application like:

.weak

h1

h2

Many of the widgets in this framework also use custom CSS; you can see those on the sample widgets page. Explore this sample application and reuse any styles you see here. Firebug is your friend.

The rules we follow in this framework are explained in Fluid Grids, Vertical Rhythm, and CSS Blocking.

谷歌获取的仅是不含样式的版本。

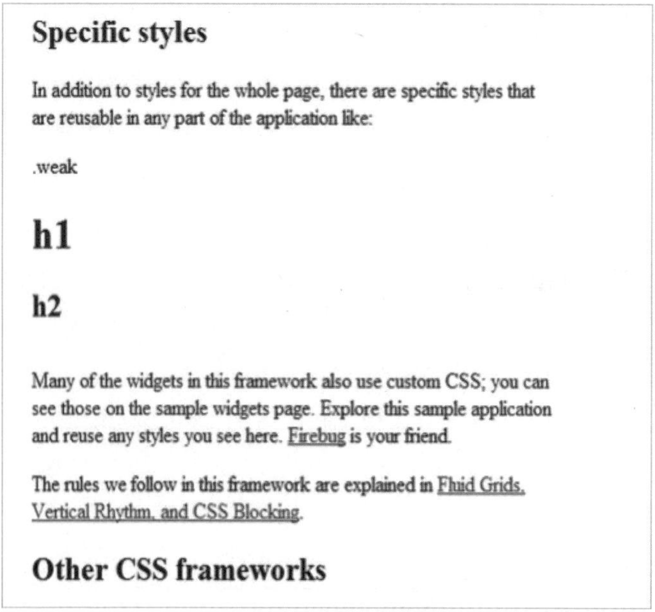

Specific styles

In addition to styles for the whole page, there are specific styles that are reusable in any part of the application like:

.weak

h1

h2

Many of the widgets in this framework also use custom CSS; you can see those on the sample widgets page. Explore this sample application and reuse any styles you see here. Firebug is your friend.

The rules we follow in this framework are explained in Fluid Grids, Vertical Rhythm, and CSS Blocking.

Other CSS frameworks

可以看到我们 SiteMapServlet.java 的全部源码。这种程序基本上只是一个查表模型，根据 ID 来提供服务器端与之对应的内容。这个类被称为 SiteMapServlet.java，因为它还可以处理站点地图的生成问题。

7.4 利用站点地图

站点地图告诉网络爬虫我们的应用程序中有哪些可用内容。所有的网站都应该有站点地图，否则，AJAX 爬网就无法工作。

站点地图是一种简单的 XML 文件，它列出了应用程序中的 URL。它们也可能包含有关应用程序页面更新频率和优先级的数据。普通的站点地图入口是这样的：

```
<url>
  <loc>http://www.spiffyui.org/</ loc>
  <lastmod>2011-07-26</lastmod>
  <changefreq>daily</changefreq>
  <priority>1.0</priority>
</url>
```

AJAX 可检索入口是这样的：

```
<url>
  <loc>http://www.spiffyui.org/ #!css</loc>
  <lastmod>2011-07-26</lastmod>
  <changefreq>daily</changefreq>
  <priority>0.8</priority>
</url>
```

散列感叹号告诉谷歌这是一个转义片段，其余部分与其他页面一样工作。可以混合匹配 AJAX URL 和普通 URL，对它们总使用一个站点地图。

你可以自己编写站点地图，但是，已有一些工具可以节省你很多时间。关键是使站点地图格式正确并将其提交给谷歌站长工具（Google Webmaster Tools）。

7.5 谷歌站长工具

谷歌站长工具可以帮你将网站提交给谷歌。利用谷歌 ID 登录或创建新的账号，然后验证你的网站。

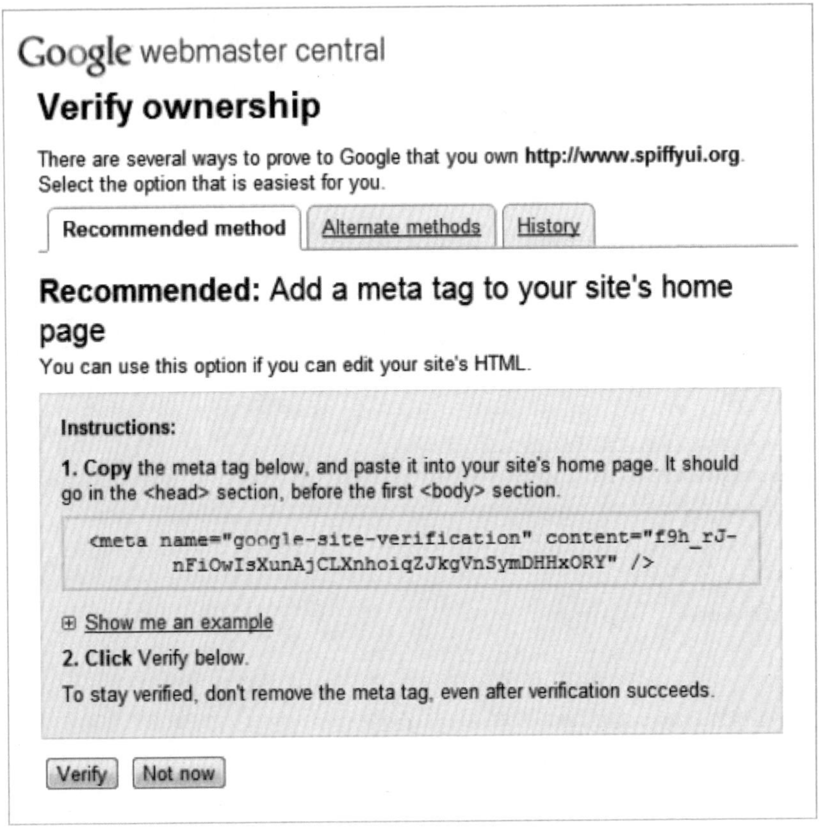

Google webmaster central

Verify ownership

There are several ways to prove to Google that you own **http://www.spiffyui.org**. Select the option that is easiest for you.

Recommended method | Alternate methods | History

Recommended: Add a meta tag to your site's home page

You can use this option if you can edit your site's HTML.

Instructions:

1. Copy the meta tag below, and paste it into your site's home page. It should go in the <head> section, before the first <body> section.

```
<meta name="google-site-verification" content="f9h_rJ-
      nFiOwIsXunAjCLXnhoiqZJkgVnSymDHHxORY" />
```

⊞ Show me an example

2. Click Verify below.

To stay verified, don't remove the meta tag, even after verification succeeds.

Verify　Not now

经过验证后，你就可以提交站点地图，然后谷歌就开始检索你的 URL 了。

然后是等待，这是一个让人恼火的过程。需要两周时间来让 SpiffyUI.org 在谷歌搜索中正确显示。我曾经以为是出故障了，多次在帮助论坛上发帖求助。

并没有什么简单的方法来确保一切工作正常，但有一些工具可以让你知道正在发生什么。最好的工具是 Fetch as Googlebot，可以显示出当谷歌爬虫检索你的网站时谷歌看到的内容。你可以在谷歌站长工具诊断模式下的面板内获取它。

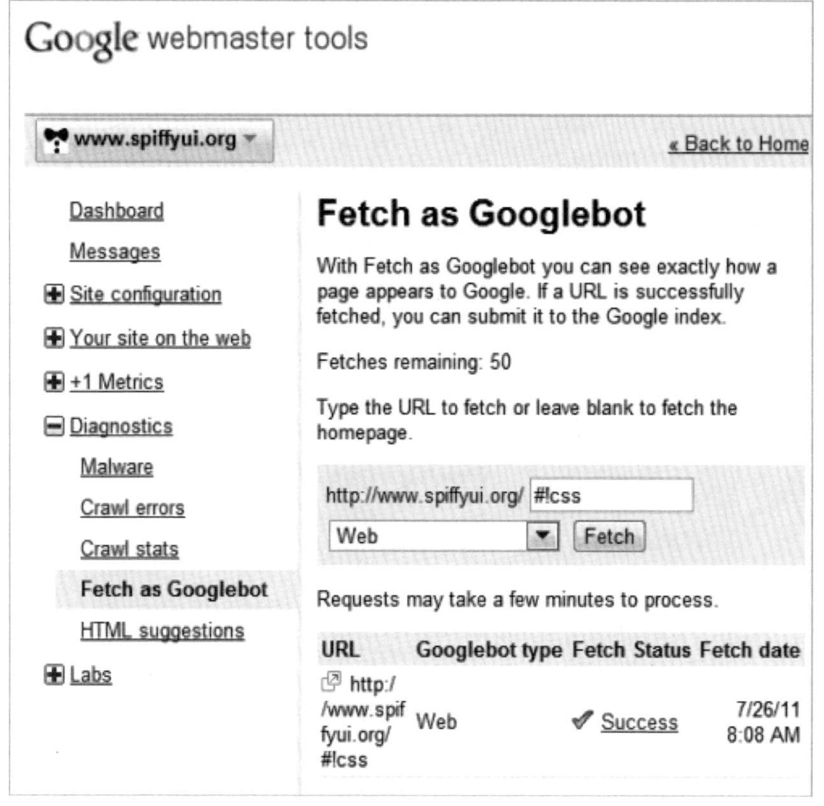

输入网站的散列感叹号 URL，单击 Fetch。谷歌将会告诉你获取是否成功，如果成功了，会告诉你它看见的内容。

如果 Fetch as Googlebot 按预期工作，可以正确地返回转义 URL。但你应该检查以下内容：

- 验证站点地图；
- 在站点地图中手动尝试 URL，并尝试一下散列感叹号和转义版本；
- 在谷歌中搜索 site:www.yoursite.com 以检查你网站的结果。

7.6　利用 HTML5 制作精美的 URL

Twitter 在其 URL 中保留了散列感叹号：

http://twitter.com/ #!/ZackGrossbart

这在 AJAX 爬网中运行良好，但是有点不美观。可以整合 HTML5 历史来使 URL 更加好看。

Spiffy UI 利用 HTML5 历史整合功能来转换如下的散列感叹号 URL：

http://www.spiffyui.org #!css

转换成如下美观的 URL：

http://www.spiffyui.org?css

HTML5 历史能够改变 URL 参数，因为散列标签仅是 URL 的一部分，你可以在 HTML4 中进行修改。如果改变了其他内容，整个页面将会重新加载。HTML5 历史可以不加载页面改变整个 URL，可以使 URL 转变成任何我们想要的样子。

改进的 URL 在应用中有效工作，但是我们仍然在站点地图中列出散列感叹号版本。当浏览器访问散列感叹号 URL 时，可以利用一个小的 JavaScript 程序将其转变成更美观的 URL。

7.7 掩蔽

之前我提到过掩蔽，这是一种通过向谷歌展示一组页面而向常规浏览器展示另一组页面来提升搜索排名的手法。谷歌不喜欢掩蔽并可能将违规网站从搜索索引中删除。

AJAX 爬网应用向谷歌和常规浏览器展示的内容不一样，但如果 HTML 片段包含相同内容时，用户也能在浏览器中看到，这并不是掩蔽。真正神秘的地方在于谷歌如何辨别网站是否在进行掩蔽，网络爬虫无法利用程序比较内容，因为它们并不运行 JavaScript，这是谷歌的谷歌式力量。

不要考虑它是如何检测的，掩蔽不是好的行为。你或许不会被抓住，但如果被抓住了，将会从搜索结果中删除。

7.8 散列感叹号或许有点丑，但它却非常有效

我是一名工程师，我对于这种做法的第一印象是不好的。总感觉起来不对，我们曲解了 URL 的含义而依赖于神奇的字符串。但我知道谷歌来源于哪里，这个问题非常困难。搜索引擎需要从本质上不可信的来源来获取有用信息。

散列感叹号不应该取代网络上所有的 URL，一些网站使用 hash-bang 格式的 URL 时出现严重问题，因为它们是基于 JavaScript 服务内容的。简单的页

面不需要散列感叹号，但 AJAX 页面需要。URL 看起来有点丑，但可以使用 HTML5 进行修复。

拓展阅读

本文涵盖了较多内容，支持 AJAX 爬网意味着需要改变客户机和服务器代码。这里提供更多相关信息的链接：

- "Making AJAX Applications Crawlable," 谷歌代码 (http://code.google.com/web/ajaxcrawling/)
- "Session History and Navigation," HTML 说明书，5.4 节 (http://www.w3.org/TR/html5/history.html)
- sitemaps.org(http://sitemaps.org/)
- 谷歌站长工具 (http://google.com/webmasters/tools)
- Spiffy UI 源码，包含 AJAX 爬网的完整例子

感谢 Kristen Riley 提供本文部分图片 (https://code.google.com/p/spiftyui/source/checkout)。

第二部分 jQuery 应用篇

jQuery 几个易混淆之处

第8章

Andy Croxall

JavaScript 库和框架，如 jQuery，在前端开发中的大量运用让更多的用户见识到 JavaScript 的强大功能。这是由需求——前端开发人员强烈要求——促成的改进 JavaScript 过于原始的 API，弥补跨浏览器统一实现方面的缺陷并使其语法更加紧凑。

所有这一切都意味着，除非你对 jQuery 还有一些偏见，否则那些日子就一去不复返了——以前的那些复杂程序现在可以轻松搞定。查找一个文档某一个 CSS 类中的所有链接并绑定事件的脚本只需要一行代码，而以前此类代码多达十数行。为了支持这些功能，jQuery 自身带有 API，其中包含多种函数、方法和句法特点。其中也有一些内容很相似，容易让人混淆，但实际上却有不同之处。本文将为你消除这些疑惑。

8.1 parent()、parents() 与 closest()

这三个方法都与沿着 DOM 向上导航有关，在由选择器返回的元素的上方，匹配父元素或之前的祖先元素。但它们相互之间有所不同，每个方法都有各自独特的用处。

8.1.1 parent(selector)

这只匹配元素的直接父元素。它可以带一个选择器作参数，对于匹配符合某些条件的父元素非常有用。例如：

```
$('span#mySpan').parent().css('background', '#f90');
$('p').parent('div.large').css('background', '#f90');
```

第一行给出元素 #mySpan 的父元素。第二行对所有 <p> 标记的父元素进行同样处理，假设父元素是 div 并具有 large 类。

提示：像第二行中限制方法的范围是 jQuery 的常见功能。大多数 DOM 操作方法都可以让你像这样指定选择器，因此这不是 parent() 独有的。

8.1.2 parents(selector)

它与 parent() 的作用很像，但它不仅限于匹配元素的上一层。也就是说，它能返回多个祖先元素。例如：

```
$('li.nav').parents('li'); //for each LI that has the class nav, go find
all its parents/ancestors that are also LIs
```

这就是说，对于每个包含 nav 类的 <li>，都会返回其同样是 <li> 的父元素或祖先元素。这在多层导航树中非常有用，如下所示：

```
<ul id='nav'>
  <li>Link 1
    <ul>
      <li>Sub link 1.1</li>
      <li>Sub link 1.2</li>
      <li>Sub link 1.3</li>
    </ul>
  <li>Link 2
    <ul>
      <li>Sub link 2.1

      <li>Sub link 2.2

    </ul>
  </li>
</ul>
```

假设我们想要将导航树中所有第三级 <li> 变成橙色，这很简单。

```
$('#nav li').each(function() {
  if ($(this).parents('#nav li').length == 2)
    $(this).css('color', '#f90');
});
```

它的含义如下：对于在 #nav 中找到的每个 <li>（这里使用 each() 循环），无论它是不是直接子元素，都看看 #nav 中它上面有多少个 <li> 父元素或祖先元素。如果数字是二，那么此 <li> 肯定在第三级，应变为橙色。

8.1.3 closest(selector)

它有点神秘，但非常有用。它的作用很像 parents()，只不过它只返回一个父元素或祖先元素。根据我的经验，你通常需要检查某一元素的祖先级是否存在某一特定元素，而不是在所有地方找，所以相比 parents() 我更倾向于使用本方法。假设我们想知道元素是否是另一元素的子元素，尽管它可能在家族树中很深的位置。

```
if ($('#element1').closest('#element2').length == 1)
  alert("yes - #element1 is a descendent of #element2!");
else
  alert("No - #element1 is not a descendent of #element2");
```

提示：你也可以通过使用 parents() 并限制其只返回一个元素来代替 closest()。

```
$($('#element1').parents('#element2').get(0)).css('background', '#f90');
```

关于 closest() 需要注意的一点是，它从选择器匹配的元素——而不是父元素——开始遍历。这意味着如果传入 closest() 的选择器匹配当前操作的元素，它将返回自身。例如：

```
$('div#div2').closest('div').css('background', '#f90');
```

这会将 #div2 自身变成橙色，因为 closest() 正在查找 <div>，而离 #div2 最近的 <div> 正是自身。

8.2 position() 与 offset()

这两者都用于读取元素的位置——即由选择器返回的第一个元素的位置。它们都会返回包含 left 和 top 这两个属性的对象，但它们返回位置所相对的对象不同。

position() 计算相对于偏移父元素——更通俗一点，含有 position: relative 的元素的最近的父元素或祖先元素——的位置。如果未找到这样的父元素或祖先元素，那么会计算相对于文档（即视区左上角）的位置。

而 offset() 则总是计算相对于文档的位置，无论元素的父元素或祖先元素的 position 属性是什么。

考虑以下两个 <div>：

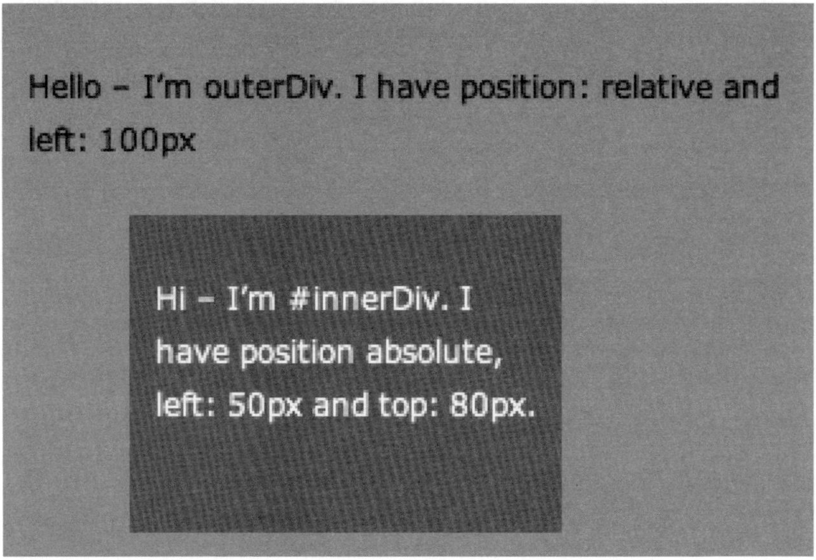

Hello – I'm outerDiv. I have position: relative and left: 100px

Hi – I'm #innerDiv. I have position absolute, left: 50px and top: 80px.

查看 #innerDiv 的 offset() 和 position() 将返回不同的结果。

```
var position = $('#innerDiv').position();
var offset = $('#innerDiv').offset();
alert("Position: left = "+position.left+", top = "+position.top+"\n"+
   "Offset: left = "+offset.left+" and top = "+offset.top
)
```

8.3 css(′width′) 和 css(′height′) 与 width() 和 height()

对于这些方法，你不会感到陌生，它们都用于计算元素维度的像素值。它们都会返回偏移维度——是元素真正的维度——而无论其如何被内部内容拉伸。

它们所返回的数据类型不同：css('width') 和 css('height') 返回字符型维度，以 px 为后缀，而 width() 和 height() 返回整数型维度。

实际上，还有一处鲜为人知的关于 IE 的差异（多么意外！），这就是要避免习惯性使用 css('width') 和 css('height') 的原因。那就是当要求 IE 读取“经过计算的”（即不是隐式设置的）维度时，很不幸，它会返回 auto。在 jQuery 内核中，width() 和 height() 基于每个元素中的 .offsetWidth 和 .offsetHeight 属性，而 IE 能够正确读取这些。

但如果是处理隐式设置维度的元素，那么不用担心这些。如果你想要读取一个元素的宽度并将其设置在另一个元素上，那么最好选择 css('width')，因为返回值已经有“px”后缀了。

如果你想读取元素的 width()，并加以计算，而且你只需要这个数字，那么最好使用 width()。

请注意，通过编写 JavaScript 代码，它们都能相互替代。像这样：

```
var width = $('#someElement').width(); //returns integer
width = width+'px'; //now it's a string like css('width') returns
var width = $('#someElement').css('width'); //returns string
width = parseInt(width); //now it's an integer like width() returns
```

最后，width() 和 height() 还包含另一个功能：它们能返回窗口和文档的维度。如果使用 css() 方法，则会出错。

8.4　click()(etc)、bind()、live() 与 delegate()

这些都是将事件绑定到元素的方法。不同之处在于绑定到什么元素以及对事件处理函数（或“回调函数”）的控制程度有多大。如果这听起来很困惑，别担心，我接下来会解释的。

8.4.1　click() (etc)

bind() 是 jQuery 事件处理 API 的基础，了解这一点很重要。在很多教程中，通过一些简单的方法，如 click() 和 mouseover() 来处理事件，但在幕后，真正起作用的是 bind()，这些方法只是辅助性角色。

这些辅助方法，或者说是别称，可以将某些事件类型快速绑定到选择器返回的元素。它们都有一个参数：触发事件时执行的回调函数。例如：

```
$('#table td ').click(function() {
  alert("The TD you clicked contains '"+$(this).text()+"'");
});
```

以上代码意思很简单,无论何时点击 #table 内的 <div>,都会修改其文本内容。

8.4.2 bind()

bind() 也可以实现同样的功能，像这样：

```
$('#table td ').bind('click', function() {
  alert("The TD you clicked contains '"+$(this).text()+"'");
});
```

请注意，这一次将事件类型作为第一个参数传递给 bind()，回调函数作为第二个参数。为什么使用 bind()，而不用更简单的别名函数?

通常我们不会这样做。bind() 能更好地控制事件处理函数中的处理过程。而且它可以一次绑定多个事件，可通过将这些事件用空格分隔并作为第一个参数来实现，像这样：

```
$('#table td').bind('click contextmenu', function() {
  alert("The TD you clicked contains '"+$(this).text()+"'");
});
```

现在无论我们用左边还是右边的按钮点击 <td>，都会触发事件。我还提到 bind() 能更好地控制事件处理函数中的处理过程。这如何实现呢？它通过传递三个，而不是两个参数来实现。第二个参数是包含回调函数可读属性的数据对象，像这样：

```
$('#table td').bind('click contextmenu', {message: 'hello!'}, function(e){
  alert(e.data.message);
});
```

如你所见，我们给回调函数传递了一组变量供它读取，本例中是 message 变量。

你可能想要知道我们为什么要这样做，为什么不在回调函数之外设置变量并让回调函数读取呢？答案是与作用域和闭包有关。当读取变量时，JavaScript 从直接作用域开始，并向外读取（这与 PHP 这样的语言有根本区别）。考虑以下代码：

```
var message = 'you left clicked a TD';
$('#table td').bind('click', function(e) {
  alert(message);
});
var message = 'you right clicked a TD';
$('#table td').bind('contextmenu', function(e) {
  alert(message);
});
```

无论用鼠标左键还是右键点击 <td>，我们都会被告知选择正确。这是因为 alert() 是在触发事件时，而不是在绑定事件时，读取 message 变量。

如果我们在绑定事件时给每个事件提供自己的 message“版本”，那么就可以解决这个问题。

```
$('#table td').bind('click', {message: 'You left clicked a TD'},
function(e) {
  alert(e.data.message);
});
$('#table td').bind('contextmenu', {message: 'You right clicked a TD'},
function(e) {
  alert(e.data.message);
});
```

所有使用 bind() 和别名方法（如 mouseover()）绑定的事件都可以使用 unbind() 方法解除绑定。

8.4.3 live()

它与 bind() 的作用几乎一样，但有个重要区别：可将事件绑定到当前和将来的元素（即任何当前不存在，而是加载文档后通过 DOM 脚本生成的元素）。

附注：DOM 脚本包括使用 JavaScript 创建和操作元素。你是否注意到在 Facebook 简介页中“添加一个雇主”时出现一个区域？这就是 DOM 脚本，我在此处不会详细介绍，它大体上如下所示。

```
var newDiv = document.createElement('div');
newDiv.appendChild(document.createTextNode('hello, world!'));
$(newDiv).css({width: 100, height: 100, background: '#f90'});
document.body.appendChild(newDiv);
```

8.4.4 delegate()

live() 的一个缺点是，与大多数 jQuery 方法不同，它无法用于链式结构。也就是说，它只能直接用于选择器，像这样：

```
$('#myDiv a').live('mouseover', function() {
  alert('hello');
});
```

但不能这样：

```
$('#myDiv').children('a').live('mouseover', function() {
  alert('hello');
});
```

这样会失败，因为这就好像传递直接 DOM 元素，如 $ (document.body)。

delegate() 是 jQuery 1.4.2 中才有的方法，它可以通过将选择器内的上下文作为第一个参数来解决这一问题。例如：

```
$('#myDiv').delegate('a', 'mouseover', function() {
  alert('hello');
});
```

与 live() 一样，delegate() 可将事件绑定到当前和将来的元素中。可通过 undelegate() 方法解除处理函数的绑定。

8.4.5 实际案例

对于实际案例，我坚持用 DOM 脚本，因为这是 JavaScript 中构建任何一个 RIA（富 Internet 应用程序）所需的重要部分。

假设有一个航班预订程序，要用户提供所有乘客的姓名。输入的用户作为 #passengersTable 表中的新行，该表有两列："姓名"（乘客姓名的文本字段）和 "删除"（删除乘客行的按钮）。

要添加一个新乘客（即一行），用户要点击按钮 #addPassenger。

```
$('#addPassenger').click(function() {
  var tr = document.createElement('tr');
  var td1 = document.createElement('td');
  var input = document.createElement('input');
  input.type = 'text';
```

```
  $(td1).append(input);
  var td2 = document.createElement('td');
  var button = document.createElement('button');
  button.type = 'button';
  $(button).text('delete');
  $(td2).append(button);
  $(tr).append(td1);
  $(tr).append(td2);
  $('#passengersTable tbody').append(tr);
});
```

请注意，事件通过 click()，而不是 live('click') 应用到 #addPassenger，因为我们知道此按钮一开始就已经存在。

那么用来删除乘客的“删除”按钮的事件代码是什么呢?

```
$('#passengersTable td button').live('click', function() {
  if (confirm("Are you sure you want to delete this passenger?"))
  $(this).closest('tr').remove();
});
```

我们使用 live() 来应用事件，因为它要绑定的元素（即按钮）在运行时不存在，该元素在之后由 DOM 脚本生成以添加乘客。

使用 live() 绑定的事件处理函数可用 die() 方法解除绑定。

live() 在带来方便的同时也带来一定的代价：它的缺点之一是不能给它传递具有多个事件处理函数的对象，只能有一个事件处理函数。

8.5 children() 与 find()

还记得 parent()、parents() 和 closest() 之间的差异最后归结为作用范围的问题吗？这里也是一样。

8.5.1 children()

它返回由选择器返回的一个或多个元素的直接子元素。对于大多数 jQuery DOM 遍历方法，都可以选择使用选择器过滤。因此，如果我们想要将一张表中所有包含单词“dog”的 <td> 变成橙色，我们可以使用以下语句：

```
$('#table tr').children('td:contains(dog)').css('background', '#f90');
```

8.5.2 find()

它的作用与 children() 非常类似，只是它会查找子元素和更远的子孙元素。它通常也比 children() 更安全。

假如到了项目最后一天。你需要编写一些代码来隐藏所有包含 hideMe 类的 <tr>。但有些开发人员会在表格标记中省略 <tbody>，因此我们需要包含所有可能的情况，像这样定位 <tr> 会有很大风险：

```
$('#table tbody tr.hideMe').hide();
```

因为如果没有 <tbody> 将会失败，我们可以使用 find()。

```
$('#table').find('tr.hideMe').hide();
```

这样，无论在 #table 中哪里找到带有 hideMe 的 <tr>，无论层级如何，都会隐藏它。

8.6 not()、is() 与 :not()

正如你从名称“not”和“is”所见，这两个是反义词。但还不止这些，这两者并不对等。

8.6.1 not()

not() 返回选择器不匹配的元素。例如：

```
$('p').not('.someclass').css('color', '#f90');
```

这会将所有不包含 someclass 类的段落变成橙色。

8.6.2 is()

反过来，如果你想找到那些包含 someclass 类的段落，你可能会使用以下语句：

```
$('p').not('.someclass').css('color', '#f90');
```

事实上，这会导致错误，因为 is() 不会返回元素，它只会返回一个布尔值。它是一个测试函数，看是否有元素匹配选择器。

那么什么时候使用 is() 呢？可用在查询有关属性的元素时。看一看 8. 6. 4 的实际案例。

8.6.3 :not()

:not() 是 not() 的伪选择器等价方法。它们的作用相同，只有一点区别，跟其他所有伪选择器一样，你可以在选择器字符串中使用它，而 jQuery 的字符串解析器将会认出它并进行操作。以下示例与之前的 not() 示例作用相同：

```
$('p:not(.someclass)').css('color', '#f90');
```

8.6.4 实际案例

如本章 8.6.2 节所示，is() 是用来测试元素而不是过滤元素的。假设有以下的登录表单。必填字段有 required 类。

```
<form id='myform' method='post' action='somewhere.htm'>
  <label>Forename *
  <input type='text' class='required' />
  <br />
  <label>Surname *
  <input type='text' class='required' />
  <br />
  <label>Phone number
  <input type='text' />
  <br />
  <label>Desired username *
  <input type='text' class='required' />
  <br />
  <input type='submit' value='GO' />
</form>
```

用户提交后，我们的代码要检查必填字段是否有空白。如果有，则应当通知用户并暂停提交过程。

```
$('#myform').submit(function() {

  if ($(this).find('input').is('.required[value=]')) {
    alert('Required fields were left blank! Please correct.');
    return false; //cancel submit event
  }
});
```

此处，我们不关心返回元素操作，而只是查询其是否存在。is() 是链式结构的一部分，只用于检测 #myform 中匹配选择器的字段是否存在。如果有则返回 true，表示必填字段有空白。

8.7 each() 与 filter()

这两者用于迭代访问由选择器返回的每个元素并对其进行操作。

8.7.1 each()

each() 会循环访问元素，它有两种用法。第一种，也是最常用的一种，是将回调函数作为唯一的参数传递，也可以连续对每个元素进行操作。例如：

```
$('p').each(function() {
  alert($(this).text());
});
```

它会访问文档中每一个 <p> 并修改其内容。

但 each() 不只是作用于选择器的方法，它可用来处理数组和类似数组的对象。如果你了解 PHP，那么回想一下 foreach()。它可以作为一个方法或 jQuery 的内核函数来完成这一功能。例如：

```
var myarray = ['one', 'two'];
$.each(myarray, function(key, val) {
  alert('The value at key '+key+' is '+val);
});
```

同样：

```
var myarray = ['one', 'two'];
$(myarray).each(function(key, val) {
  alert('The value at key '+key+' is '+val);
});
```

即对于 myarray 中的每一个元素，回调函数都可以通过 key 和 val 变量分别读取键和值。第一个例子的做法要更好一些，因为将数组作为 jQuery 选择器没有什么意义，即使这样能正常工作。

还有一点也很重要，你可以对对象进行迭代操作，但只能使用第一种方法（即

$.each)。

我们都知道，jQuery 是 DOM 操作的效果框架，这点与其他框架，如 MooTools，有着很大不同，但 each() 是扩展 JavaScript 原生 API 的个别案例。

8.7.2 filter()

filter() 与 each() 一样，可以访问链中的每个元素，但如果没通过某个测试，就会从链中移除该元素。

filter() 最常见的用法是传递给它一个选择器字符串，就像在链开始处指定一样。以下代码的作用相同：

```
$('p.someClass').css('color', '#f90');
$('p').filter('.someclass').css('color', '#f90');
```

在这里，为什么使用第二个例子？答案是，有时你想（或不想）要对不能改变的元素集进行操作。例如：

```
var elements = $('#someElement div ul li a');
//hundreds of lines later...
elements.filter('.someclass').css('color', '#f90');
```

elements 是很久之前设置的，因此我们不能——实际是不想——修改返回的元素，但也许以后要过滤它们。

而 filter() 还是按照本来的方式工作，将过滤函数传递给它后，它会依次检查链中的每个元素。函数返回 true 或 false 决定了元素是否留在链中。例如：

```
$('p').filter(function() {
  return $(this).text().indexOf('hello') != -1;
}).css('color', '#f90')
```

对于文档中找到的每个 <p>，如果包含“hello”字符串，就将它变成橙色。否则，不处理。

我们从上面看到了 is()，尽管名称与 not() 相反，但两者并不对等。而是使用 filter() 或 has() 作为 not() 的反函数。

请注意，filter() 与 each() 不同，它不能用于数组和对象。

8.7.3 实际案例

在以上示例中你也看到，我们将以“hello”开始的 <p> 变成橙色，然后你会想，“我们也许可以做得更简单一些”。你是对的。

```
$('p:contains(hello)').css('color', '#f90')
```

对于简单条件（如包含“hello”），这没有问题。但是 filter() 更多是用来执行更复杂或冗长的测试，然后确定一个元素是否可保留在链中。

假设有一张 CD 碟片表格，其中有四列：艺术家、标题、流派和价格。通过在页面顶部使用一些控件，让用户可以选择不想看到流派为“乡村”或价格高于 $10 的产品。有两个筛选条件，因此需要一个筛选函数。

```
$('#productsTable tbody tr').filter(function() {
  var genre = $(this).children('td:nth-child(3)').text();
  var price = $(this).children('td:last').text().replace(/[^\d\.]+/g, '');
  return genre.toLowerCase() == 'country' || parseInt(price) >= 10;
}).hide();
```

因此，对于表格中的每个 <tr>，我们分别检查第 3 列和第 4 列（流派和价格）。我们知道表格有四列，因此使用 :last 伪选择器定位到第 4 列。对于每个产品，我们将流派和价格赋值给变量，这样更简洁。

对于价格，我们替换所有妨碍我们进行数学计算的字符。如果此列包含的值为 $14.99，我们要计算它是否小于 $10，那么我们会被告知这不是一个数字，因为它包含了 $ 符号。因此，我们要去掉所有不是数字或小数点的内容。

最后，如果满足其中一个条件（如流派是“乡村”或价格大于 $10），那么返回 true（意味着该行会被隐藏）。

8.8 merge() 与 extend()

我们进一步了解 JavaScript 和 jQuery 更深入的内容。对于定位、DOM 操作和其他常见问题，jQuery 也提供了一些工具用于处理 JavaScript 的原生部分。这不是你要考虑的问题，诸如 MooTools 之类的库专门用于此用途。

8.8.1　Merge()

merge() 可以将两个数组的内容合并到第一个数组中，这包含了对第一个数组的永久性改变。它不会生成新的数组，而是第二个数组的内容添加到第一个数组后面。

```
var arr1 = ['one', 'two'];
var arr2 = ['three', 'four'];
$.merge(arr1, arr2);
```

以上代码运行后，arr1 将会包含四个元素，即 one、two、three、four。arr2 未改变。(如果你熟悉 PHP，该函数作用等同于 array_merge())。

8.8.2　extend()

extend() 作用相同，但用于对象。

```
var obj1 = {one: 'un', two: 'deux'}
var obj2 = {three: 'trois', four: 'quatre'}
$.extend(obj1, obj2);
```

extend() 功能更强大一些。它可以合并两个以上的对象—你可以传递任意多个对象。另外，它可以递归合并，也就是说，如果对象的属性本身也是对象，那么你也能确保它们的合并。为此，将 true 作为第一个参数。

```
var obj1 = {one: 'un', two: 'deux'}
var obj2 = {three: 'trois', four: 'quatre', some_others: {five: 'cinq',
six: 'six', seven: 'sept'}}
$.extend(true, obj1, obj2);
```

merge() 与 extend() 之间的区别在 jQuery 中与在 MooTools 不同，一个用于修改现有的对象；另一个用于创建一个新的副本。

8.9　总结

在这里，我们看到一些相同之处，但更多的是 (有时主要是) 不同之处。jQuery 不是一种语言，但它值得好好学习，通过学习它，你能更好地决定哪种情况下使用哪种方法。

还应该说，本文的目的并不是关于哪种情况下使用哪个 jQuery 函数的详尽指南。例如，对于 DOM 遍历，还能使用 nextUntil() 和 parentsUntil()。

尽管目前对于编写语义和 SEO 标准的标记有严格的规定，但 JavaScript 在开发者中仍有很大市场。没有人要求你一定要用 click() 替代 bind(), 也不能说这个方法比另一个更优，这要看具体情况。

使用 jQuery 和 PHP GD 处理图片

Andy Croxall

jQuery 和其他 JavaScript 库受到广泛使用所带来的优势之一是其易用性，可以使用它为你的网站创建交互式工具。当与服务器端技术（如 PHP）结合使用后，它会为你的代码增添强大的威力。

在本文中，我将介绍如何将 JavaScript、jQuery 与 PHP 结合使用，尤其是使用 PHP 的 GD 库创建图像操作工具并进行剪裁，最终将修改后的成果保存到服务器上。当然，你也可以使用其他的插件来完成同样功能，但本文将会为你揭示其背后的原理。你还可以下载源文件（已更新）用作参考。

我们以前一定见过此类 Web 应用程序——在 Facebook、Flickr 和 T 恤打印网站均能看到此类应用程序。其优势很明显，有了这样的功能之后，就不需要访问者手工编辑图片。手工处理的缺点很明显，他们可能没有 Photoshop 软件，也可能不具备相关技能，无论哪种情况，你总不想让访问者觉得使用困难吧?

9.1　开始之前

阅读本文之前，你最好具备一些 PHP 使用经验。不一定需要 GD 经验——我将会详细介绍这一部分，毕竟 GD 非常友好。你至少要达到 JavaScript 中等水平，如果你学起来很快，那也没问题。

简单谈一下在本文中将用到的技术。你需要一台运行 GD 库的 PHP 测试服务器，将其安装在你的服务器主机上，或通过 XAMPP 在本地运行。有时 GD 与 PHP 捆绑在一起，作为标准配置，但你也可以通过运行 phpinfo() 来验证并确认它在你的服务器上是否可用。至于客户端，你需要一个文本编辑器、一些图片以及 jQuery 副本。

9.2　设置文件

现在就开始。设置一个工作文件夹，并在其中创建四个文件：index.php、js.js、image_manipulation.php 和 css.css。index.php 是实际的网页，js.js 和

css.css 作用很明显，image_manipulation.php 中的代码将会处理上传的图片并保存处理后的结果。

首先在 index.php 中添加一行 PHP 代码以启动 PHP 会话并调用 image_manipulation.php 文件。

```
<!--?php session_start(); require_once 'image_manipulation.php'; ?-->
```

在此之后，添加 DOCTYPE 和页面的主要结构（header 和 body 区域等）并分别通过脚本和连接标记调用 jQuery 和 CSS 表。

在文件夹中添加一个名为 imgs 的目录，用来接收上传的文件。如果你使用的是远程服务器，要确保对目录设置了相应的权限，如脚本能够将图片文件保存到其中。

首先对上传功能进行设置并应用一些基本的样式。

9.3 上传功能

现在看一看基本的 HTML。我们在页面中加上标题和一个简单的表单，让用户能上传图片并给图片命名。

```
<h1>Image uploader and manipulator</h1>
<form method="POST" action="index.php" enctype="multipart/form-data"
id="imgForm">
  <label for="img_upload">Image on your PC to upload</label>
<input type="file" name="img_upload" id="img_upload">

  <label for="img_name">Give this image a name</label>
<input type="text" name="img_name" id="img_name">
<input type="submit" name="upload_form_submitted">
</form>
```

请注意，我们指定 enctype= " multipart/form-data " ，无论你的表单是否包含文件上传字段，这都是必需的。

如你所见，该表单非常简单。它包含三个字段：图片本身的上传字段、一个让用户可以命名的文本字段和一个提交按钮。提交按钮有一个名称，从而它可以作为 PHP 事件处理脚本的标识符，脚本会知道表单是否提交。

我们在样式表中添加一些 CSS。

```
/* -----------------
| UPLOAD FORM
----------------- */
#imgForm { border: solid 4px #ddd; background: #eee; padding: 10px; margin: 30px; width: 600px; overflow:hidden;}
  #imgForm label { float: left; width: 200px; font-weight: bold; color: #666; clear:both; padding-bottom:10px; }
  #imgForm input { float: left; }
  #imgForm input[type="submit"] {clear: both; }
  #img_upload { width: 400px; }
  #img_name { width: 200px; }
```

现在基本页面已经设置好并添加了样式。下一步，我们看一看 image_manipulation.php 并使其能接收提交的表单，之后会进行验证。

9.4 验证表单

打开 image_manipulation.php。由于我们之前已经将其包含到 HTML 页面中，因此我们可以确定在调用它时，它会在环境中出现。

我们设置一个条件，以便 PHP 知道要完成什么任务。还记得我们将提交按钮命名为 upload_form_submitted 吗？ PHP 现在可以检查它是否存在，因为脚本知道应该开始处理该表单。

这很重要，因为我之前说过，PHP 脚本要做两件事：处理已上传的表单，然后保存操作过的图片。因此需要有这样的技术能随时知道它的角色。

```
/* -----------------
| UPLOAD FORM - validate form and handle submission
----------------- */

if (isset($_POST['upload_form_submitted'])) {
  //code to validate and handle upload form submission here
}
```

因此如果提交了表单，条件判断的结果为 true，无论其中有什么代码，都会执行。这些代码是验证代码。知道表单提交后，可能会有五种情形造成无法成功保存文件：1) 上传字段为空；2) 文件名称字段为空；3) 这两个字段都有内容，但上传的文件不是有效的图片文件；4) 用户指定名称的图片已存在；5) 一切正常，但由于某些原因，服务器保存图片失败，可能是文件权限问题。我们看看背后的代码如何处理这些情况，如果发生，我们在验证脚本中综合考虑这些情况。

以下的验证脚本综合考虑了这些情景。

```
/* -----------------
| UPLOAD FORM - validate form and handle submission
----------------- */

if (isset($_POST['upload_form_submitted'])) {

  //error scenario 1
  if (!isset($_FILES['img_upload']) || empty($_FILES['img_upload']
['name'])) {
    $error = "Error: You didn't upload a file";

  //error scenario 2
  } else if (!isset($_POST['img_name']) || empty($_FILES['img_upload'])) {
    $error = "Error: You didn't specify a file name";
  } else {

    $allowedMIMEs = array('image/jpeg', 'image/gif', 'image/png');
    foreach($allowedMIMEs as $mime) {
      if ($mime == $_FILES['img_upload']['type']) {
        $mimeSplitter = explode('/', $mime);
        $fileExt = $mimeSplitter[1];
        $newPath = 'imgs/'.$_POST['img_name'].'.'.$fileExt;
        break;
      }
    }

    //error scenario 3
    if (file_exists($newPath)) {
      $error = "Error: A file with that name already exists";

    //error scenario 4
    } else if (!isset($newPath)) {
      $error = 'Error: Invalid file format - please upload a picture file';
```

```
    //error scenario 5
    } else if (!copy($_FILES['img_upload']['tmp_name'], $newPath)) {
      $error = 'Error: Could not save file to server';

    //...all OK!
    } else {
      $_SESSION['newPath'] = $newPath;
      $_SESSION['fileExt'] = $fileExt;
    }
  }
}
```

还有些事情需要注意。

9.4.1 $error & $_SESSION['newPath']

首先，请注意，我使用了一个 $error 变量来记录我们是否遇到其中一种故障情景。如果没有任何错误，而且图片已保存，我们设置变量 $_SESSION['new_Path'] 来保存图片的路径。这在下一步显示图片时非常有用，因此我们需要知道它的 SRC。

我使用了会话变量，而不是简单变量，因此到 PHP 脚本剪裁图片时，我们就不再需要传递变量来通知脚本要使用哪个图片——脚本已经知道上下文，因为它会记住此会话变量。本文不会深入关注安全性，这只是一个简单的预防措施。这么做意味着用户只能影响他自己上传的图片，而不会影响其他人之前保存的图片——此用户被锁定，只能操作 $error 中引用的图片，无法让 PHP 脚本影响其他图片。

9.4.2 $_FILES 超全局变量

请注意，即使表单通过 POST 发送，我们也不是通过 $_POST 超全局变量（即 PHP 中整段脚本都可访问的变量）来访问文件，而是通过特殊的 $_FILES 超全局变量。假如表单通过必需的 enctype= " multipart/form-data " 属性发送，PHP 会自动将文件字段赋值给它。与 $_POST 和 $_GET 超全局变量不同，$_FILES 超全局变量更加“深入”，它实际是一个多维数组。通过它，我们不仅能访问文件本身，还能访问相关的多种元数据。很快你将看到我们如何使用此信息。我们在本章 9.4 节所示验证脚本的第三步验证中使用此元数据，即检查文件是否是有效的图片文件。下面我们仔细看看那段代码。

9.4.3 确认上传的是图片

无论什么时候，当你允许用户上传文件到你的服务器时，你肯定想要精确地控制可以上传哪些类型的文件。这是显而易见的，你不想让用户将任何文件都上传到服务器，对此你需要牢牢控制。

我们可以通过文件扩展名控制，但仅有这些还不够安全。因为如果文件扩展名为 .jpg，并不意味着内部代码也是图片。我们通过 MIME 类型来检查，它更加安全（尽管也不是完全无懈可击）。

为此我们检查上传文件的 MIME 类型，它位于数组类型的“type”属性中，该属性是一个包含所有允许的 MIME 类型的列表。

```
$allowedMIMEs = array('image/jpeg', 'image/gif', 'image/png');
foreach($allowedMIMEs as $mime) {
  if ($mime == $_FILES['img_upload']['type']) {
    $mimeSplitter = explode('/', $mime);
    $fileExt = $mimeSplitter[1];
    $newPath = 'imgs/'.$_POST['img_name'].'.'.$fileExt;
    break;
  }
}
```

如果找到匹配，则提取其扩展名并用于构建保存文件所用到的名称。

为了提取扩展名，我们发现 MIME 类型总是“XXX/XXX”的格式——即我们可以根据斜杠进行处理。这样我们根据此分隔符“破开”字符串。“破开”后会返回一个数组——这里有两个部分，MIME 类型的斜杠的两边。我们知道，数组的第二部分（[1]）是 MIME 类型相关的扩展名。

请注意，如果找到匹配的 MIME 类型，那么设置两个变量：$newPath 和 $fileExt。这两个变量稍后对于保存文件的 PHP 都非常重要，而且你一定已经看到，前一个变量在第 4 种情形中也会用到，用于检测 MIME 查找是否成功。

9.4.4 保存文件

服务器会给所有上传文件分配一个临时主目录，直到会话结束或文件被移动。因此保存文件意味着将文件从临时位置移动到永久目录。这是通过 copy() 函数完成的，显然它需要知道两个内容：临时文件的路径和放置到的位置。

第一个问题的答案从 $_FILES 超全局变量的 tmp_namepart 读取。第二个问题的答案是要放置的完整的路径，包括新的文件名。因此这是由我们设置存储图片的目录（/imgs）加上新文件名（即 img_name 字段中填写的内容）和扩展名组成的。我们将它赋值给它自己的变量 $newPath 并保存文件。

```
$newPath = 'imgs/'.$_POST['img_name'].'.'.$fileExt;
...
copy($_FILES['img_upload']['tmp_name'],$newPath);
```

9.5 报告结果与继续处理

下一步如何处理完全取决于是否发生错误，我们通过查看是否设置 $error 来判断。如果已设置，我们会把此错误报告给用户。如果未设置，那我们继续处理，将图片显示给用户，让用户来操作它。在表单上添加如下内容：

```
<?php if (isset($error)) echo '<p id="error">'.$error.'</p>'; ?>
```

如果有错误，那就要再次显示表单。但目前设置是无论什么情况都要显示表单。这需要改变，只有当未上传图片，即表单未提交或已提交但有错误时才显示表单。我们可以通过查询 $_SESSION['newPath'] 变量来确定图片是否已上传。将以下两行代码加入表单 HTML：

```
<?php if (!isset($_SESSION['newPath']) || isset($_GET['true'])) { ?>

<?php } else echo '<img src="'.$_SESSION['newPath'].'" />'; ?>
```

现在，只有当上传图片未经注册——即 $_SESSION['newPath '] 未设置——或 URL 中未找到 new=true 时才会显示表单。（后半部分为我们提供了一种手段，让用户可以根据意愿重新开始上传新图片；稍后我们将为此添加一个链接。）否则，将显示上传的图片（我们知道它在哪里，因为我们将路径保存到 $_SESSION['newPath'] 中）。

现在可以看看我们进展如何，先试一试。上传图片，并确认它能显示。如果它能显示，那么就可以用 JavaScript 为图片操作增加交互性。

9.6 增加交互性

首先，我们扩展刚添加的代码，从而可以：a) 赋予图片一个 ID，以供后续引用；b) 调用 JavaScript 本身（以及 jQuery）；c）我们添加一个“重新开始”链接，让用户可以重新开始上传（如果需要的话）。如以下代码段所示。

```
<?php } else { ?>
  <img id="uploaded_image" src="<!--?php echo
$_SESSION['newPath'].'?'.rand(0, 100000); ?-->" />
  <p><a href="index.php?new=true">start over with new image</a>

  <script src="http://www.google.com/jsapi "></script>
  <script>google.load("jquery", "1.5");</script>
  <script src="js.js"></script>
<!--?php } ?-->
```

请注意我为图片定义了一个 ID，而不是一个类，因为这是独一无二的元素，而不是很多元素中的一个（这听上去好像很明显，但很多人在分配 ID 和类时没注意到这一点）。还要注意，在图片的 SRC 中，我添加了一个随机字符串。这样做可以强制浏览器在我们剪裁之后不缓存图片（因为 SRC 不变）。

打开 js.js，添加强制文档处理函数（DRH），每当使用独立的 jQuery（即不在自定义函数中）来引用或操纵 DOM 时都需要这么做。在 DRH 中加入以下 JavaScript：

```
$(function() {
  // all our JS code will go here
});
```

我们为用户提供了剪裁图片的功能，这当然也就意味着允许在图片上拖放一个矩形区域，以表示想要保留的部分。因此，第一步是监听图片上的

mousedown 事件，这一事件是拖动动作所包含的三个事件（鼠标按下、鼠标移动以及绘制完成后的鼠标松开）中的第一个。

```
var dragInProgress = false;

$("#uploaded_image").mousedown(function(evt) {
  dragInProgress = true;
});
```

我们以同样的方式监听最后一个鼠标松开事件。

```
$(window).mouseup(function() {
  dragInProgress = false;
});
```

请注意，mouseup 事件是在窗口而不是图片自身上运行的，因此用户可能在页面任何位置，而不仅仅在图片上松开鼠标。

还要注意，mousedown 事件处理函数已准备好接收事件对象。该对象保存了事件有关的数据，而 jQuery 一定会将其传递给事件处理函数，无论事件处理函数是否已设置来接收它。该对象在之后事件触发时对于确定鼠标在哪里非常重要。mouseup 事件并不需要它，因为我们所关心的是拖放动作是否结束，鼠标在哪里并不重要。

我们并未使用变量来追踪鼠标目前是否按下，为什么？因为，在拖放动作中，三个事件（见前面内容）中的中间事件只适用于第一个事件的触发。也就是说，在拖放动作中，按下鼠标的状态下移动鼠标。如果不是这样，就应该退出 mousemove 事件。代码如下：

```
$("#uploaded_image").mousemove(function(evt) {
  if (!dragInProgress) return;
});
```

现在，三个事件处理函数已设置。如你所见，如果 mousemove 事件处理函数发现当前鼠标未被按下，它就会退出，与之前所说的一样。

现在我们将扩展这些事件处理函数。

现在正好可以解释 JavaScript 如何模拟用户进行拖放操作。其诀窍是在 mousedown 上创建一个 DIV，并定位到鼠标指针上。然后，随着鼠标移动，即用户绘制方框时，该元素应相应地改变大小以进行模拟。

我们现在就添加、定位 DIV 并添加样式。但在添加之前，先移除之前的 DIV，即之前拖动时所留下的。这样可以确保只出现一个拖拉框，而不会出现好几个拖拉框。还有，我们还想在按下鼠标时记录鼠标的坐标，因为我们之后绘制并调整 DIV 大小时需要引用它。对 mousedown 事件处理函数进行扩展：

```
$("#uploaded_image").mousedown(function(evt) {
  dragInProgress = true;
  $("#drag_box").remove();
  $("<div>").appendTo("body").attr("id", "drag_box").css({left:
evt.clientX, top: evt.clientY});
  mouseDown_left = evt.clientX;
  mouseDown_top = evt.clientY;
});
```

请注意，我们并没有在这三个变量之前加上“var”关键字。这样它们就会在 mousedown 事件处理函数内部编译，但我们之后要在 mousemove 事件处理函数中引用它。最好不要使用全局变量（使用命名空间会更好），但为了让本教程中的代码更加精确，先这样使用。

请注意，通过读取事件对象的 clientX 和 clientY 属性，我们获取了事件发生的坐标——即按下鼠标按钮时鼠标的位置，这些我们将会用来定位 DIV。

通过在样式表中添加以下 CSS 来给 DIV 添加样式。

```
#drag_box { position: absolute; border: solid 1px #333; background: #fff;
opacity: .5; filter: alpha(opacity=50); z-index: 10; }
```

现在，如果上传了图片并单击它，那么 DIV 将会插入到鼠标单击位置。暂时还看不到它，因为它的宽度和高度都是零。只有当拖放的时候，才能见到它，但如果用 Firebug 或 Dragonfly 来检测，你会在 DOM 中看到它。

到目前为止一切正常，拖放框的功能基本上完成了。现在需要它能对用户鼠标移动作出响应。这里要做的与我们引用鼠标坐标时在 mousedown 事件处理函数中所做的一样。

这一部分的重点是知道要更新哪些属性，以及更新成什么值。我们需要改变方框的 left、top、width 和 height。

听上去很简单。但做起来要复杂得多。假设方框原本的位置在 40×40 坐标处，用户将鼠标拖到 30×30 坐标处。通过将方框的 left 和 top 属性更新为 30 和 30，方框的左上角位置正确了，但右下角的位置不是 mousedown 事件发生的位置。右下角向西北偏离了 10 个像素！

为了解决这一问题，我们需要比较 mousedown 坐标与当前鼠标坐标。这就是我们之前在鼠标按下时在 mousedown 事件处理函数中记录鼠标坐标的原因。方框的新 CSS 值如下：

- left：两个 clientX 坐标中较小的一个
- width: 两个 clientX 坐标的差值
- top：两个 clientY 坐标中较小的一个
- height：两个 clientY 坐标的差值

我们扩展 mousemove 事件处理函数，如下：

```
$("#uploaded_image").mousemove(function(evt) {
  if (!dragInProgress) return;
  var newLeft = mouseDown_left < evt.clientX ? mouseDown_left :
evt.clientX;
  var newWidth = Math.abs(mouseDown_left - evt.clientX);
  var newTop = mouseDown_top < evt.clientY ? mouseDown_top : evt.clientY;
  var newHeight = Math.abs(mouseDown_top - evt.clientY);
  $('#drag_box').css({left: newLeft, top: newTop, width: newWidth, height:
newHeight});
});
```

请注意，要建立新宽度和高度，我们未作任何比较。尽管我们不知道 mousedown 的 left 和当前鼠标的 left 哪一个较小，但我们可以用一个减去另一个，并通过 Math.abs() 函数将负数结果转换为正数，如：

```
result = 50 - 20; //30
result = Math.abs(20 - 50); //30 (-30 made positive)
```

最后很重要的一点。当 Firefox 和 Internet Explorer 检测到用户试图拖放图片时，它们会假设用户打算将图片拖放到桌面上、Photoshop 中或是其他地方。它可能会影响我们的创建过程，解决方法是不让该事件进行默认操作，最简单的方法是返回 false。而有趣的是，Firefox 会将拖动当作是鼠标按下的开始，而 IE 会将它当作鼠标移动的开始。因此，我们需要将以下这行简单的代码添加到这两个函数的末尾：

```
return false;
```

尝试启动应用程序，你应该拥有完整的拖放框功能了。

9.7 保存已剪裁的图片

现在是最后一部分，保存修改后的图片。这里的处理方式很简单：我们要获取拖放框的坐标和维度，将其传递给 PHP 脚本，然后用这些脚本来裁剪图片并保存。

9.7.1 获取拖放框数据

在 mouseup 事件处理函数中获取拖放框的坐标和维度很有意义，因为它意味着拖放动作的结束。我们可以通过以下代码实现：

```
var db = $("#drag_box");
var db_data = {left: db.offset().left, top: db.offset().top, width:
db.width(), height: db.height()};
```

但这里有个问题，与拖放框的坐标有关。我们获取到的坐标是相对于 body，而非上传的图片的。为了纠正这一错误，我们需要从中减去图片本身相对于 body 的位置。因此，我们添加以下代码：

```
var db = $("#drag_box");
if (db.width() == 0 || db.height() == 0 || db.length == 0) return;
var img_pos = $('#uploaded_image').offset();
var db_data = {
  left: db.offset().left – img_pos.left,
  top: db.offset().top - img_pos.top,
  width: db.width(),
  height: db.height()
};
```

这里究竟发生了什么？我们首先在本地变量 db 中引用拖放框，然后将四个有关的数据 left、top、width 和 height 存放到 db_data 对象中。并不一定需要对象，也可以使用四个单独的变量，但该方法可以将数据集合到一起，更加简洁。

注意第二行的条件，它防止简单、非拖动的点击对图片造成影响。在这些情况下，我们不返回任何内容。

请注意，我们通过 jQuery 的 offset() 方法获取 left 和 top 坐标。它返回对象相对于文档，而不是相对于父元素或祖先元素的相对位置，这些是 position() 或 css('top/right/bottom/left') 所返回的。尽管如此，我们将拖放框直接添加到 body 中，在本例中这三者效果相同。同样，我们可以通过 width() 和 height() 方法，而不是 css('width/height') 来获取宽度和高度，因为前者的返回值中没有“px”。由于 PHP 脚本会对这些坐标进行数学运算，因此这种方法更合适一些。

关于所有这些方法的区别，请查看我在 SmashingMag 上的前一篇文章“jQuery 几个易混淆之处”（http: //www. smashingmagazine.com/2010/08/04/commonly-confused-bits-of-jquery/ ）。

我们现在显示一个确认对话框，检查用户是否希望继续使用拖放框剪裁图片。如果是这样，就可以将数据传给 PHP 脚本。在 mouseup 事件处理函数中再加入一些代码

```
if (confirm("Crop the image using this drag box?")) {
  location.href = "index.php?crop_attempt=true&crop_l="+db_data.left
+"&crop_t="+
db_data.top+"&crop_w="+db_data.width+"&crop_h="+db_data.height;
} else {
  db.remove();
}
```

如果用户在弹出的对话框上点击“OK”，就重定向到同一个页面，但将四个所需的数据传递给 PHP 脚本。我们还会传递一个 crop_attempt 标志，这样 PHP 脚本就会检测到，它知道我们想要进行的动作。如果用户点击“Cancel”，我们就移除拖放框（显然这不合适）。

9.7.2 PHP：保存修改后的文件

还记得我说过 image_manipulation.php 有两个任务——一个是保存上传的图片，另一个是保存剪裁过的图片，现在可以扩展脚本处理后一个请求。在

image_manipulation.php 中添加以下代码：

```
/* -----------------
| CROP saved image
----------------- */

if (isset($_GET["crop_attempt"])) {
  //cropping code here
}
```

与之前一样，我们使用条件关闭代码区域，并确定在执行代码前有标志。对于代码本身，我们需要回到 GD 中。我们需要创建两个图片处理函数：在其中一个中，我们导入上传的图片；在另一个中，我们粘贴上传图片的剪裁部分。我们可以将这两个当作源和目标。我们通过 GD 函数 imagecopy() 将源复制到目标画布中。这需要知道 8 个信息：

- destination，目标图片句柄
- source，源图片句柄
- destination X，粘贴到目标图片句柄的“左边位置”
- destination Y，粘贴到目标图片句柄的“顶部位置”
- source X，从源图片句柄获取的“左边位置”
- source Y，从源图片句柄获取的“顶部位置”
- source W，从源图片句柄复制的部分的“宽度”（从 source X 算起）
- source H，从源图片句柄复制的部分的“高度（从 source Y 算起）”

幸运的是，我们在之前的 mouseup 事件处理函数中已经以 JavaScript 数据的形式收集了最后 6 个参数并传回给页面。

首先创建第一个句柄。根据之前所述，首先导入上传的图片。这意味着我们需要知道它的文件扩展名，这也就是我们之前保存为会话变量的原因。

```
switch($_SESSION["fileExt"][1]) {
  case "jpg": case "jpeg":
    var source_img = imagecreatefromjpeg($_SESSION["newPath"]);
```

```
    break;
  case "gif":
    var source_img = imagecreatefromgif($_SESSION["newPath"]);
    break;
  case "png":
    var source_img = imagecreatefrompng($_SESSION["newPath"]);
    break;
}
```

如你所见，图片的文件类型决定了我们在图片处理函数中使用哪个函数打开图片句柄。我们现在扩展此 switch 语句来创建第二个图片句柄，即目标画布。就和打开已有图片的函数取决于图片类型一样，创建空白图片的函数也是如此。因此，扩展 switch 语句如下：

```
switch($_SESSION["fileExt"][1]) {
  case "jpg": case "jpeg":
    $source_img = imagecreatefromjpeg($_SESSION["newPath"]);
    $dest_ing = imagecreatetruecolor($_GET["crop_w"], $_GET["crop_h"]);
    break;
  case "gif":
    $source_img = imagecreatefromgif($_SESSION["newPath"]);
    $dest_ing = imagecreate($_GET["crop_w"], $_GET["crop_h"]);
    break;
  case "png":
    $source_img = imagecreatefrompng($_SESSION["newPath"]);
    $dest_ing = imagecreate($_GET["crop_w"], $_GET["crop_h"]);
    break;
}
```

你会看到，打开空白图片与打开已有图片或上传文件的不同之处在于，前者需要指定维度。在本例中，维度是指拖放框的宽度和高度，我们是分别通过 $_GET['crop_w'] 和 $_GET['crop_h'] 变量传入网页的。

现在已经有了两个画布了，可以复制了。以下是一个函数调用，但由于它有 8 个参数，我将它分成几行，以增加可读性。在 switch 语句后加入：

```
imagecopy(
  $dest_img,
  $source_img,
0
0
  $_GET["crop_l"],
  $_GET["crop_t"],
  $_GET["crop_w"],
  $_GET["crop_h"]
);
```

最后一部分是保存剪裁过的图片。在本教程中，我们将会覆盖原有的文件，但你可能想要扩展此应用程序，因此用户可以选择将剪裁过的图片保存为单独的文件，而不会丢失原有图片。

保存图片很简单。我们只要根据图片类型调用特定函数即可（是的，你可能已经猜到了）。我们传递两个参数：保存的图片句柄和想要保存为的文件名。这样做：

```
switch($_SESSION["fileExt"][1]) {
  case "jpg": case "jpeg":
    imagejpeg($dest_img, $_SESSION["newPath"]); break;
  case "gif":
    imagegif($dest_img, $_SESSION["newPath"]); break;
  case "png":
    imagepng($dest_img, $_SESSION["newPath"]); break;
}
```

所有一切完成后,我们最好自己清理一下——用 PHP 术语来说就是释放内存，那么现在就销毁那些不再需要的图片句柄。

```
imagedestroy($dest_img);
imagedestroy($source_img);
```

最后，要重定向主页。你可能想要知道我们为什么要这么做，因为我们已经在主页上（我们一直就在主页上）。这其中的技巧是，通过重定向我们丢弃传入 URL 的参数。我们不希望这些内容一直出现在上面，因为如果用户刷新页面，它就会再次调用 PHP 剪裁脚本（因为它会检测参数）。参数的使命已经结束，现在它们该消失了，因此我们不带任何参数地重定向到主页。添加如下代码强制进行重定向：

```
header("Location: index.php"); //bye bye arguments
```

9.8 最后提醒

到此为止全部结束了。我们现在拥有了对图片进行上传、剪裁并将其保存到服务器的一套完整功能。不要忘记你还可以下载源文件（已更新）用于参考。

你可以使用多种方法扩展这个简单的应用程序。探索 GD（以及其他 PHP 图片库），你可以任意处理图片，调整大小、扭曲、改变灰度等等。另一个要考虑的是安全，本教程不打算包含此项内容，但如果你在用户控件面板环境下工作，你要确定功能安全并且用户无法编辑其他用户的文件。

你可以通过将保存文件的路径设置得更加复杂来实现，即如果用户将其命名为 pic.jpg，你可以在服务器上命名为 34iweshfjdshkj4r_pic.jpg。你还可以隐藏图片路径，即将 SRC 属性指定为“getPic.php”，而不是在图片的 SRC 属性中直接引用，该 PHP 脚本将会打开并显示保存的文件（通过读取会话变量中的路径），用户永远不会知道此路径。

一切均有无限的可能性，希望本教程只是一个起点。

第10章 使用 jQuery 制作自己的书签

Tommy Saylor

书签是使用 JavaScript 开发的一种链接形式的小型应用程序。它们通常具有“一键式”工具和功能，通常用于扩展浏览器的功能并与 Web 服务器交互。它们可以实现在 WordPress 或 Tumblr 博客网站发布帖子、将选中的文本提交给 Google Search 或修改当前页面的 CSS 等等，其功能不胜枚举！

由于它们运行于 JavaScript（一种客户端编程语言）上，书签（有时称为“favelets”）支持所有平台商推出的主流浏览器，无需任何额外的插件或软件。大多数情况下，用户只要将书签链接拖放到工具栏即可！

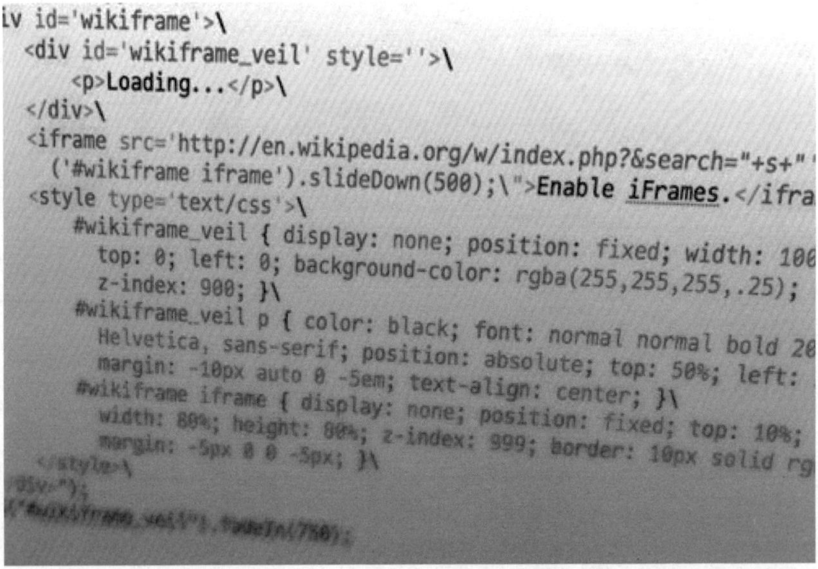

在本章中，我们将会详细介绍如何使用 jQuery 框架制作你自己的书签。

10.1 准备开始

你可以通过在代码前加上 javaScript 来生成一个假 URI，如下：

```
<a href="javascript: alert('Arbitrary JS code!');">Alert!</a>
```

请注意，我们在这里放上了 href 属性，我们通常会将双引号（"）换成单引号（'），从而使 href 属性值和 JavaScript 函数不会冲突。这不是规避此问题的唯一方法，但是很有效。

我们可以进一步拓展此概念，在引号中添加多行 JavaScript，每一行用分号（;）分隔，不分行。如果书签以后不需要任何更新，那么这种“包含所有内容”的方法可能会很好。在本教程中，我们会将 JavaScript 代码放到外部，将它存储到 .JS 文件中，以后将会存储在其他地方。

外部书签的链接为：

```
<a href="javascript:(function()
{document.body.appendChild(document.createElement('script')).src='http://
foo.bar/baz.js';})();">Externalized Bookmarklet</a>
```

它查找文档的 body 部分，并在 <script> 元素上添加一个已定义的 src，本例中是“http://foo.bar/baz.js”。请记住，如果用户在空标签上，或者由于某些原因而没有 body，将不会发生任何事情，因为这将不会添加任何内容。

你可以将此 .JS 文件保存到任何地方，但要注意带宽因素，否则会很慢。

10.2 进入 jQuery

可能有很多读者都熟悉 jQuery 框架，我们将用它来构建书签。

将它放入 .JS 文件的最佳方法是通过 Google CDN 将其追加到文件中，根据情况包含需要的部分：

```
(function(){

  // the minimum version of jQuery we want
  var v = "1.3.2";

  // check prior inclusion and version
  if (window.jQuery === undefined || window.jQuery.fn.jquery < v) {
    var done = false;
    var script = document.createElement("script");
```

```
    script.src = "http://ajax.googleapis.com/ajax/libs/jquery/ " + v + "/
jquery.min.js";
    script.onload = script.onreadystatechange = function(){
      if (!done && (!this.readyState || this.readyState == "loaded" ||
this.readyState == "complete")) {
        done = true;
        initMyBookmarklet();
      }
    };
    document.getElementsByTagName("head")[0].appendChild(script);
  } else {
    initMyBookmarklet();
  }

  function initMyBookmarklet() {
    (window.myBookmarklet = function() {
      // your JavaScript code goes here!
    })();
  }

})();
```

(来自 jQuery 源码的脚本，经过 Paul Irish 修改：http://pastie.org/462639）

以定义 v 开始，它是代码能安全使用的 jQuery 最低版本，使用它来检查是否需要加载 jQuery。如果需要，它在页面添加跨浏览器事件处理支持，当 jQuery 就绪时，运行 initMyBookmarklet。如果不需要，它直接跳到 initMyBookmarklet，它会将 myBookmarklet 添加到全局窗口对象。

10.3　获取信息

根据生成的书签类型的不同，可能要从当前页面获取不同的信息。有两个内容很重要，分别是 document.location，它会返回页面的 URL，还有 document.title，它会返回页面标题。

你还可以返回用户选中的任何文本，但更复杂一些。

```
function getSelText() {
  var SelText = '';
  if (window.getSelection) {
    SelText = window.getSelection();
  } else if (document.getSelection) {
    SelText = document.getSelection();
  } else if (document.selection) {
    SelText = document.selection.createRange().text;
  }
  return SelText;
}
```

（根据 http://www.codetoad.com/javascript_get_selected_text.asp 修改）

另一个选择是使用 JavaScript 的 input 函数通过弹出式对话框询问用户。

```
var yourname = prompt("What's your name?","my name...");
```

10.4 处理字符

如果将所有的 JavaScript 放入到链接本身，而不是外部文件中，那么你可能想用更好的方式来嵌套双引号（例如，“在引号中的‘引号’”），而不仅仅用单引号表示，可使用“"”代替（例如，“引号在 " 引号 " 中”）。

```
<a
href="javascript:var%20yourname=prompt(&quot;What%20is%20your%20name?
&quot;);alert%20(&quot;Hello,%20"+yourname+"!&quot;)">What is your name?</
a>
```

在本例中，我们将空格编码成 %20，这适用于老式的浏览器，确保链接不会在传输过程中丢失。

在 JavaScript 中，有时需要对引号转义。你可以在前面加上一个反斜杠（\）来实现：

```
alert("This is a \"quote\" within a quote.");
```

10.5 组合起来

为了增添乐趣，我们制作一个小书签，它检查页面上是否有选中的单词，如果有，就搜索 Wikipedia 并在 jQuery 动画的 iFrame 中显示结果。

我们将组合使用“进入 jQuery”中的框架和“获取信息”中的文本选择函数。

```
(function(){

  var v = "1.3.2";

  if (window.jQuery === undefined || window.jQuery.fn.jquery < v) {
    var done = false;
    var script = document.createElement("script");
    script.src = "http://ajax.googleapis.com/ajax/libs/jquery/ " + v + "/
jquery.min.js";
    script.onload = script.onreadystatechange = function(){
      if (!done && (!this.readyState || this.readyState == "loaded" ||
this.readyState == "complete")) {
        done = true;
        initMyBookmarklet();
      }
    };
    document.getElementsByTagName("head")[0].appendChild(script);
  } else {
    initMyBookmarklet();
  }

  function initMyBookmarklet() {
    (window.myBookmarklet = function() {
      function getSelText() {
        var s = '';
        if (window.getSelection) {
          s = window.getSelection();
        } else if (document.getSelection) {
          s = document.getSelection();
        } else if (document.selection) {
          s = document.selection.createRange().text;
        }
```

```
        return s;
      }
      // your JavaScript code goes here!
    })();
  }

})();
```

下一步,搜索是否有选中文本,并保存到变量“s”中。如果未选择任何内容,则提示用户相关信息。

```
var s = "";
s = getSelText();
if (s == "") {
  var s = prompt("Forget something?");
}
```

在检查并确定“s”有了实际值之后,我们将此内容添加到文档 body 部分。它有如下内容:容器 div(“wikiframe”)、背景层(“wikiframe_veil”)和一个“Loading...”段落、iFrame 自身以及一些 CSS 。它们会将所有内容增加到页面上并让页面看上去更漂亮。

```
if ((s != "") && (s != null)) {
  $("body").append("\
  <div id='wikiframe'>\
    <div id='wikiframe_veil' style=''>\
      <p>Loading...</p>\
    </div>\
    <iframe src='http://en.wikipedia.org/w/index.php?&search=_"+s+"'
onload=\"$('#wikiframe iframe').slideDown(500);\">Enable iFrames.</iframe>\
    <style type='text/css'>\
      #wikiframe_veil { display: none; position: fixed; width: 100%;
height: 100%; top: 0; left: 0; background-color: rgba(255,255,255,.25);
cursor: pointer; z-index: 900; }\
      #wikiframe_veil p { color: black; font: normal normal bold 20px/20px
Helvetica, sans-serif; position: absolute; top: 50%; left: 50%; width:
10em; margin: -10px auto 0 -5em; text-align: center; }\
      #wikiframe iframe { display: none; position: fixed; top: 10%; left:
10%; width: 80%; height: 80%; z-index: 999; border: 10px solid
rgba(0,0,0,.5); margin: -5px 0 0 -5px; }\
    </style>\
```

```
  </div>");
  $("#wikiframe_veil").fadeIn(750);
}
```

我们将 iFrame 的 src 属性设置为 Wikipedia 的搜索 URL 加上“s”。它的 CSS 默认设置为“display: none;”，这样当页面通过 onload 属性和 jQuery 动画加载时，显示更快。

在经过添加内容到页面之后，将退出到背景层中。

请注意所添加的 HTML 每一行末尾均有一个斜杠。这样可实现多行，而且所有内容更容易编辑。

基本上都完成了，但我们要确保所有的元素在扩展以前不会已存在。我们可以通过在“$(" #wikiframe ").length == 0”条件语句中抛出以上代码来实现，另外再加上一些代码，如果语句返回负值，就全部移除。

最终的 .JS 文件如下：

```
(function(){

  var v = "1.3.2";

  if (window.jQuery === undefined || window.jQuery.fn.jquery < v) {
    var done = false;
    var script = document.createElement("script");
    script.src = "http://ajax.googleapis.com/ajax/libs/jquery/ " + v + "/
jquery.min.js";
    script.onload = script.onreadystatechange = function(){
      if (!done && (!this.readyState || this.readyState == "loaded" ||
this.readyState == "complete")) {
        done = true;
        initMyBookmarklet();
      }
    };
    document.getElementsByTagName("head")[0].appendChild(script);
  } else {
    initMyBookmarklet();
  }
```

```
function initMyBookmarklet() {
  (window.myBookmarklet = function() {
    function getSelText() {
      var s = '';
      if (window.getSelection) {
        s = window.getSelection();
      } else if (document.getSelection) {
        s = document.getSelection();
      } else if (document.selection) {
        s = document.selection.createRange().text;
      }
      return s;
    }
    if ($("#wikiframe").length == 0) {
      var s = "";
      s = getSelText();
      if (s == "") {
        var s = prompt("Forget something?");
      }
      if ((s != "") && (s != null)) {
        $("body").append("\
        <div id='wikiframe'>\
          <div id='wikiframe_veil' style=''>\
            <p>Loading...</p>\
          </div>\
          <iframe src='http://en.wikipedia.org/w/index.php?&search="+s+"'
onload=\"$('#wikiframe iframe').slideDown(500);\">Enable iFrames.</iframe>\
          <style type='text/css'>\
            #wikiframe_veil { display: none; position: fixed; width: 100%;
height: 100%; top: 0; left: 0; background-color: rgba(255,255,255,.25);
cursor: pointer; z-index: 900; }\
            #wikiframe_veil p { color: black; font: normal normal bold
20px/20px Helvetica, sans-serif; position: absolute; top: 50%; left: 50%;
width: 10em; margin: -10px auto 0 -5em; text-align: center; }\
            #wikiframe iframe { display: none; position: fixed; top: 10%;
left: 10%; width: 80%; height: 80%; z-index: 999; border: 10px solid
rgba(0,0,0,.5); margin: -5px 0 0 -5px; }\
          </style>\
        </div>");
        $("#wikiframe_veil").fadeIn(750);
```

```
        }
      } else {
        $("#wikiframe_veil").fadeOut(750);
        $("#wikiframe iframe").slideUp(500);
        setTimeout("$('#wikiframe').remove()", 750);
      }
    })();
  }

})();

})();
```

请注意，如果用户在书签加载后再次单击背景层，将会淡出并移除“wikiframe”内容。

加载脚本的 HTML 书签：

```
<a href="javascript:(function(){if(window.myBookmarklet!==undefined)
{myBookmarklet();}
else{document.body.appendChild(document.createElement('script')).src='http
://iamnotagoodartist.com/stuff/wikiframe2.js?_';}})();">WikiFrame</a>
```

看到“window.myBookmarklet!==undefined”条件了吗？这确保 .JS 文件只添加一次，如果已经存在，就直接跳转运行 myBookmarklet() 函数。

10.6　加以完善

这个例子很有趣，但还可以做得更好一些。

对初学者来说，许多脚本还未经过压缩整理。如果你的脚本会被经常访问到，那么保存两个版本代码比较好：一个正常工作版本，另一个压缩过的最小版本。为用户提供精简版本将会为他们节省加载时间，为你节省带宽。查看一下本章 10.7.2 节中一些好的 JavaScript 压缩工具。

尽管理论上书签能在 IE6 中使用，但它只能使用静态定位，这意味着它只是将自身添加到页面底部，对用户不是很友好！用户要花费更多的时间并特别注意 IE 中的显示差异，才能让书签在不同的浏览器中正常工作并保持外观一致（至少与浏览器兼容）。

在以上示例中，我们用到了 jQuery，它是用于开发高级 JavaScript 应用程序的一款非常好的工具。但如果你的书签很简单，不需要很多 CSS 操作或动画，那可能不需要使用这么高级的工具。普通的老式 JavaScript 可能就够用了。请记住，为用户加载的内容越少，加载速度就越快，用户体验就越愉快。

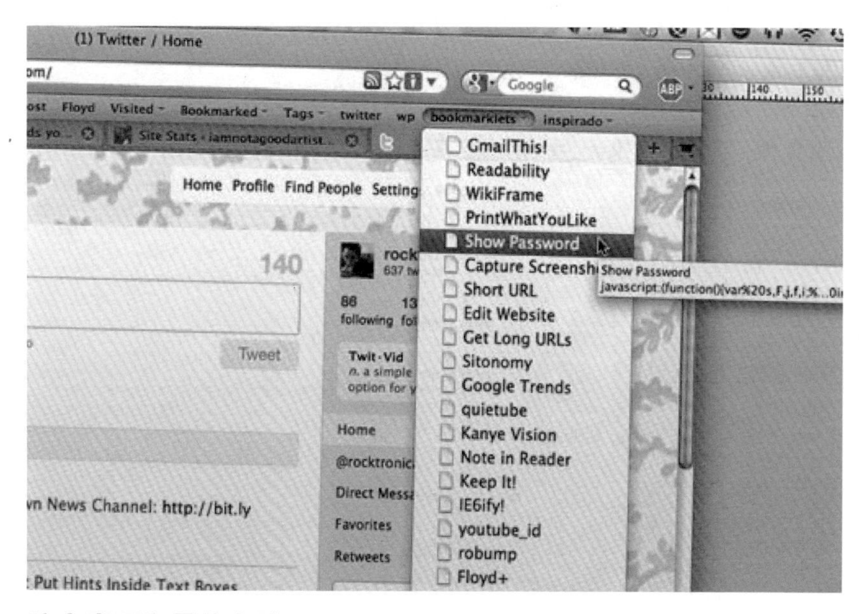

注意事项和最佳实践

未测试的代码都是不能用的代码，正如编程教条所说。

尽管书签能在所有支持 JavaScript 的浏览器上运行，但在尽可能多的浏览器上测试是没有坏处的。尤其是 CSS，很多的因素会影响脚本正常工作。至少，在你的朋友和家人的电脑的浏览器上进行测试。

至于 CSS，请记住你添加到页面的所有内容均会受到页面 CSS 的影响。因此，最好的做法是在元素中加入 reset 以覆盖任何潜在继承的边距、填充或字体样式。

由于书签从定义上来讲是外部的，JavaScript 的很多原则——如不可见和柔性降级——并不像通常那么重要。但通常来讲，正确理解传统 JavaScript 及其框架将会对你有帮助。

- 开发一种编码风格并一以贯之。保持一致，保持整洁。
- 让浏览器能方便处理。不要运行不需要的进程，不要创建非必要的全局变量。
- 在适当的地方使用注释。以后看代码会更方便。
- 避免 JavaScript 简写。尽量使用分号，即使浏览器允许没有它们时也可运行。

10.7 更多资源

10.7.1 有用的 JavaScript 工具

- JSLint

JavaScript 验证工具。

- Bookmarklet Builder

早在 2004 年就已推出，但仍然有用。

- 对 JavaScript 开发人员确实有用的工具列表

W3Avenue 免费提供。

- JS Bin

开源协作 JavaScript 调试工具。

- 如何动态插入 JavaScript 和 CSS

详细介绍了如何对 JavaScript 和 CSS 添加内容及其潜在缺陷进行检查。

- Run jQuery Code Bookmarklet

可检查和加载书签中所有 jQuery 的很棒的脚本，还有一个方便的生成器。

- Google Ajax Libraries API

与 jQuery 相比，你是否更喜欢 Prototype 或 MooTools？直接从 Google 下载你偏爱的工具，节省带宽。

10.7.2 JavaScript 和 CSS 压缩工具

- Online JavaScript Compression Tool

JavaScript 压缩工具，带有 Minify 和 Packer 方法。

- Clean CSS

CSS 格式化和优化工具，基于 CSST：dy，具有很好的 GUI 和很多选项。

- Scriptalizer

合并和压缩多个 JavaScript 或 CSS 文件。

- JavaScript Unpacker and Beautifier

对于将超压缩代码转换成可读内容（或反过来）非常有用。

10.7.3 资源集合

- myBookmarklets（http://krapplack. de/?u=/book mark lets/）
- Bookmarklets.com（http://book marklets.com）
- Bookmarklets, Favelets and Snippets（http://www.smashing magazine. com/2007/01/24/bookmarklets-favelets-and-snippets/）
- Quix（http://quixapp.com/）

  "Your Bookmarklets, On Steroids."（http://www.squarefree.com/book marklets/）
- Jesse's Bookmarklets（http://www squarefree.com/bookmarklets/）
- Marklets（http://www.mark lets.com/bookmarklets/）

第11章 基本的jQuery插件模式

Addy Osmani

我曾经也写过一些如何使用 JavaScript 实现设计模式的文章。它们均构建于成熟的方法，能很好地解决常见的开发问题，因此，我认为使用它们有很大的好处。我们都知道 JavaScript 模式很有用，而另一端的开发也可以充分利用自身的设计模式：jQuery 插件。官方 jQuery 插件编写指南为编写插件和小部件提供了很好的起点，此处我们将作进一步介绍。

插件开发在过去几年中不断发展。我们有多种方法来编写插件。在现实中，对于特定问题或组件，某一个模式可能比其他的模式效果更好。

有些开发人员可能想要使用 jQuery UI 小部件工厂，它适用于复杂、灵活的 UI 组件，有些人则不喜欢。有些人喜欢把插件构建得像模块一样（或与模块模式类似）或使用更正式的模块格式，如 AMD（异步模块定义）。有些人则想要插件能利用原型继承的强大功能。有些人可能想使用自定义事件或发布 / 订阅机制与应用程序其余部分进行通信。不一而足。

我注意到，很多人付出很多努力想要做一个适用于所有情况的 jQuery 插件样板，在这之后，我开始考虑关于插件模式的问题。虽然这样的样板在理论上来说是伟大的创意，但实际情况是，我们很少以固定的方式编写插件，不会一直使用一种模式。

假设你现在正在编写自己的 jQuery 插件，你对于将各个功能部件组合到一起非常满意。一切正常，它能实现预期的要求，但你觉得还可以搭建得更好。也许可以更灵活，或者能解决更多问题。如果这听上去很熟悉，而且你也不清楚各个 jQuery 插件模式之间的区别，那么以下内容对你会有用。

我可能无法穷尽所有的模式，但至少涵盖了目前开发人员经常用到的模式。

提示：本文针对中级和高级开发人员，如果你认为还不适合阅读本文，我推荐你阅读官方的 jQuery 插件编写指南、Ben Alman 编写的插件样式指南和 Remy Sharp 编写的" Signs of a Poorly Written jQuery Plugin "。

11.1 模式

jQuery 插件固定的规则很少，这也是造成其实现方法多种多样的原因之一。从最基本的层面来讲，你可以通过在 jQuery 的 $.fn 对象添加新函数属性这一简单的方式来编写插件，如下所示。

```
$.fn.myPluginName = function() {
  // your plugin logic
};
```

这样非常紧凑，但以下的方法作为构建基础会更好：

```
(function( $ ){
 $.fn.myPluginName = function() {
  // your plugin logic
 };
})( jQuery );
```

此处，我们将插件逻辑包装到匿名函数中。为了确保我们所使用的 $ sign 简写与 jQuery 或其他 JavaScript 库没有冲突，我们只将它传递给此闭包，它会将其映射成美元符号，从而确保不会受到执行范围以外的任何内容的影响。

编写此模式的另一种方法是使用 $.extend，它可以一次定义多个函数，而且它从语义来讲更合理。

```
(function( $ ){
  $.extend($.fn, {
    myplugin: function(){
      // your plugin logic
    }
  });
})( jQuery );
```

我们可以做更多的事情来改善这一切。我们将会看到的第一个完整的模式——轻量级模式中包含一些最佳实践，我们可以将其用于基本的日常插件开发，而且这其中包含了一些需要考虑的常见问题。

小提示

在 GitHub 资源库的这篇文章中可以找到所有模式。

尽管下文中大多数模式都会详细讲解，但我仍建议通读代码中的所有注释，因为这可以让你对其为什么成为最佳实践理解得更透彻。

我还想说一下，如果没有 jQuery 社区的其他成员之前的辛勤工作、输入和建议，这些是不可能实现的。我已经在网上列出了每种模式，如果你感兴趣，可以详细阅读各个模式的工作原理。

11.2 从轻量级开始

我们先看看关于模式的一些基本内容，然后再了解最佳实践（包括 jQuery 编写指南内容）。该模式非常适合那些刚接触插件开发或想要实现一些简单功能（如工具插件）的开发人员。轻量级使用以下内容：

- 常见的最佳实践，如函数调用前使用分号，window、document、undefined 作为参数传递，遵守 jQuery 核心样式指南；
- 基本的默认值对象；
- 对用到的元素的初始化创建和赋值相关逻辑的简单插件构造函数；
- 使用默认值扩展选项；
- 对构造函数使用轻量级包装，这有助于避免诸如多个实例之类的问题。

```
/*!
 * jQuery lightweight plugin boilerplate
 * Original author: @ajpiano
 * Further changes, comments: @addyosmani
 * Licensed under the MIT license
 */

// the semi-colon before the function invocation is a safety
// net against concatenated scripts and/or other plugins
// that are not closed properly.
;(function ( $, window, document, undefined ) {
```

```
  // undefined is used here as the undefined global
  // variable in ECMAScript 3 and is mutable (i.e. it can
// be changed by someone else). undefined isn't really
// being passed in so we can ensure that its value is
// truly undefined. In ES5, undefined can no longer be
// modified.

// window and document are passed through as local
// variables rather than as globals, because this (slightly)
// quickens the resolution process and can be more
// efficiently minified (especially when both are
// regularly referenced in your plugin).

// Create the defaults once
var pluginName = 'defaultPluginName',
  defaults = {
    propertyName: "value"
  };

// The actual plugin constructor
function Plugin( element, options ) {
  this.element = element;

  // jQuery has an extend method that merges the
  // contents of two or more objects, storing the
  // result in the first object. The first object
  // is generally empty because we don't want to alter
  // the default options for future instances of the plugin
  this.options = $.extend( {}, defaults, options) ;

  this._defaults = defaults;
  this._name = pluginName;

  this.init();
}
  Plugin.prototype.init = function () {
    // Place initialization logic here
    // You already have access to the DOM element and
```

```
    // the options via the instance, e.g. this.element
    // and this.options
  };

  // A really lightweight plugin wrapper around the constructor,
  // preventing against multiple instantiations
  $.fn[pluginName] = function ( options ) {
    return this.each(function () {
      if (!$.data(this, 'plugin_' + pluginName)) {
        $.data(this, 'plugin_' + pluginName,
        new Plugin( this, options ));
      }
    });
  }

})( jQuery, window, document );
```

扩展阅读

- 《插件编写》来自 jQuery 网站
- " Signs of a Poorly Written jQuery Plugin "作者 Remy Sharp
- " How to Create your Own jQuery Plugin "作者 Elijah Manor
- " Style in jQuery Plugins and Why it Matters "作者 Ben Almon
- " Create your First jQuery Plugin, Part 2 "作者 Andrew Wirick

11.3 “完整的”小部件工厂

虽然编写指南是有关插件开发的一本很好的入门材料，但它并没有提供大量的便利来帮助我们改善日常工作的内容。

jQuery UI 小部件工厂能够解决这个问题，它可以帮助你在面向对象原则的基础上构建复杂的、具有状态的插件。它还简化了与插件实例的通信，减少了在使用基本的插件时需要编码的重复工作。

如果你以前没有遇到这些，有状态的插件能跟踪当前状态，还可以让你在插件初始化之后改变其属性。

小部件工厂还有一个重要作用，大多数 jQuery UI 库实际用它作为组件的基础。这意味着，如果你想要寻找超出了这个模板的结构指南，那么 jQuery UI 库已经足够。

我们再回到模式。jQuery UI 样板可完成以下工作：

- 包含所有支持的默认方法，包括触发事件；
- 包含了对用到的所有方法的注释，你一定会对哪种逻辑适用你的插件一目了然。

```
/*!
 * jQuery UI Widget-factory plugin boilerplate (for 1.8/9+)
 * Author: @addyosmani
 * Further changes: @peolanha
 * Licensed under the MIT license
 */
;(function ( $, window, document, undefined ) {

  // define your widget under a namespace of your choice
  //  with additional parameters e.g.
  // $.widget( "namespace.widgetname", (optional) - an
  // existing widget prototype to inherit from, an object
  // literal to become the widget's prototype );

  $.widget( "namespace.widgetname" , {

    //Options to be used as defaults
    options: {
      someValue: null
    },

    //Setup widget (eg. element creation, apply theming
    // , bind events etc.)
    _create: function () {

      // _create will automatically run the first time
```

```
    // this widget is called. Put the initial widget
    // setup code here, then you can access the element
    // on which the widget was called via this.element.
    // The options defined above can be accessed
    // via this.options this.element.addStuff();
  },

  // Destroy an instantiated plugin and clean up
  // modifications the widget has made to the DOM
  destroy: function () {

    // this.element.removeStuff();
    // For UI 1.8, destroy must be invoked from the
    // base widget
    $.Widget.prototype.destroy.call(this);
    // For UI 1.9, define _destroy instead and don't
    // worry about
    // calling the base widget
  },

  methodB: function ( event ) {
    //_trigger dispatches callbacks the plugin user
    // can subscribe to
    // signature: _trigger( "callbackName" , [eventObject],
    // [uiObject] )
    // eg. this._trigger( "hover", e /*where e.type ==
    // "mouseenter"*/, { hovered: $(e.target)});
    this._trigger('methodA', event, {
      key: value
    });
  },

  methodA: function ( event ) {
    this._trigger('dataChanged', event, {
      key: value
    });
  },
```

```
    // Respond to any changes the user makes to the
    // option method
    _setOption: function ( key, value ) {
      switch (key) {
      case "someValue":
        //this.options.someValue = doSomethingWith( value );
        break;
      default:
        //this.options[ key ] = value;
        break;
      }

      // For UI 1.8, _setOption must be manually invoked
      // from the base widget
      $.Widget.prototype._setOption.apply( this, arguments );
      // For UI 1.9 the _super method can be used instead
      // this._super( "_setOption", key, value );
    }
  });

})( jQuery, window, document );
```

扩展阅读

- " The jQuery UI Widget Factory "
- " Introduction to Stateful Plugins and the Widget Factory "作者 Doug Neiner
- " Widget Factory "（注释版）作者 Scott Gonzalez
- " Understanding jQuery UI Widgets:a Tutorial "来自 Hacking at 0300

11.4　命名空间和嵌套命名空间

将代码放入命名空间可以避免与全局命名空间的其他对象和变量产生冲突。这很重要，因为你要防止你的插件影响页面上其他跟你使用相同变量和插件名称的脚本。为了维护全局命名空间，你也必须尽力防止其他开发人员的脚本遇到同样的问题。

JavaScript 并不像其他语言一样对命名空间有内置的支持，但它有用以实现类似效果的对象。通过将顶层对象作为命名空间的名称，你可以轻松查看页面上其他对象是否有相同名称。如果不存在这样的对象，那我们就定义它；如果存在，那么就用我们的插件扩展它。

可使用对象（或者说，对象文本）来创建嵌套名称空间，如 namespace.subnamespace.pluginName 等。但是，为了简单起见，下面的命名空间样板应提供了应用此概念的一切内容。

```
/*!
 * jQuery namespaced 'Starter' plugin boilerplate
 * Author: @dougneiner
 * Further changes: @addyosmani
 * Licensed under the MIT license
 */

;(function ( $ ) {
  if (!$.myNamespace) {
    $.myNamespace = {};
  };

  $.myNamespace.myPluginName = function ( el, myFunctionParam, options ) {
    // To avoid scope issues, use 'base' instead of 'this'
    // to reference this class from internal events and functions.
    var base = this;

    // Access to jQuery and DOM versions of element
    base.$el = $(el);
    base.el = el;

    // Add a reverse reference to the DOM object
    base.$el.data( "myNamespace.myPluginName" , base );

    base.init = function () {
      base.myFunctionParam = myFunctionParam;

      base.options = $.extend({},
      $.myNamespace.myPluginName.defaultOptions, options);
```

```
      // Put your initialization code here
    };

    // Sample Function, Uncomment to use
    // base.functionName = function( paramaters ){
    //
    // };
    // Run initializer
    base.init();
  };

  $.myNamespace.myPluginName.defaultOptions = {
    myDefaultValue: ""
  };

  $.fn.mynamespace_myPluginName = function
    ( myFunctionParam, options ) {
    return this.each(function () {
      (new $.myNamespace.myPluginName(this,
      myFunctionParam, options));
    });
  };

})( jQuery );
```

扩展阅读

- " Namespacing in JavaScript "作者 Angus Croll
- " Use your $ .fn jQuery Namespace "作者 Ryan Florence
- " JavaScript Namespacing "作者 Peter Michaux
- " Modules and Namespaces in JavaScript "作者 Axel Rauschmayer

11.5 发布 / 订阅自定义事件（使用小部件工厂）

你以前开发异步 JavaScript 应用程序时可能使用过观察者（发布 / 订阅）模式。其基本原理是当应用程序中发生一些有趣的事情时，元素将发布事件通知。

其他元素订阅或监听这些事件并作出响应。这样会让应用程序间的耦合性更弱（这很好）。

在 jQuery 中，我们想让自定义事件提供内置方法来实现发布和订阅系统，也就相当于观察者模式。因此，bind('eventType') 功能与 subscribe('eventType') 一样，trigger('eventType') 相当于 publish('eventType')。

一些开发人员可能会认为 jQuery 事件系统作为发布和订阅系统开销太大，但它的架构在大多数用例中可靠而且稳定。在下面的 jQuery UI 小部件工厂模板中，我们将实现一个基本的基于自定义事件的发布 / 订阅模式，可以让我们的插件从应用程序发布事件通知的部分订阅这些通知。

```
/*!
 * jQuery custom-events plugin boilerplate
 * Author: DevPatch
 * Further changes: @addyosmani
 * Licensed under the MIT license
 */

// In this pattern, we use jQuery's custom events to add
// pub/sub (publish/subscribe) capabilities to widgets.
// Each widget would publish certain events and subscribe
// to others. This approach effectively helps to decouple
// the widgets and enables them to function independently.

;(function ( $, window, document, undefined ) {
  $.widget("ao.eventStatus", {
    options: {

    },

    _create : function() {
      var self = this;

      //self.element.addClass( "my-widget" );

      //subscribe to 'myEventStart'
      self.element.bind( "myEventStart", function( e ) {
```

```
        console.log("event start");
      });

      //subscribe to 'myEventEnd'
      self.element.bind( "myEventEnd", function( e ) {
        console.log("event end");
      });
      //unsubscribe to 'myEventStart'
      //self.element.unbind( "myEventStart", function(e){
        ///console.log("unsubscribed to this event");
      //});
    },

    destroy: function(){
      $.Widget.prototype.destroy.apply( this, arguments );
    },
  });
})( jQuery, window , document );

//Publishing event notifications
//usage:
// $(".my-widget").trigger("myEventStart");
// $(".my-widget").trigger("myEventEnd");
```

扩展阅读

- "Communication between jQuery UI Widgets"作者 Benjamin Sternthal
- "Understanding the Publish/Subscribe Pattern for Greater JavaScript Scalability"作者 Addy Osmani

11.6 使用 DOM 到对象桥接模式实现原型继承

在 JavaScript 中，没有与其他经典的编程语言一样的传统表示类的方法，只有原型继承。通过原型继承，一个对象可以继承另一个对象。我们可以将此概念应用到 jQuery 插件开发中。

Alex Sexton 和 Scott Gonzalez 详细探讨了该主题。总的说来，他们发现，对于有组织的模块化开发，明确地从插件生成过程中区分出定义插件逻辑的对象非常有益。收益是插件代码的测试变得更加容易，而且可以调整后台工作的东西而无需调整已经实现的对象 API 的使用方式。

在 Sexton 所写的关于此主题的前一篇文章中，他实现了一个桥接，使你可以将你自己的逻辑添加到特定的插件中，我们已经在下面的模板中实现了。这个模式的另一个收益是，你不必经常性地重复编写相同的插件初始化代码，从而保证 DRY 开发背后概念的延续性。一些开发人员还可能会发现这种模式比其他更容易读懂。

```
/*!
 * jQuery prototypal inheritance plugin boilerplate
 * Author: Alex Sexton, Scott Gonzalez
 * Further changes: @addyosmani
 * Licensed under the MIT license
 */

// myObject - an object representing a concept that you want
// to model (e.g. a car)
var myObject = {
 init: function( options, elem ) {
  // Mix in the passed-in options with the default options
  this.options = $.extend( {}, this.options, options );

  // Save the element reference, both as a jQuery
  // reference and a normal reference
  this.elem  = elem;
  this.$elem = $(elem);
  // Build the DOM's initial structure
  this._build();

  // return this so that we can chain and use the bridge with less code.
  return this;
 },
 options: {
  name: "No name"
 },
 _build: function(){
  //this.$elem.html('<h1>'+this.options.name+'</h1>');
```

```
 },
 myMethod: function( msg ){
  // You have direct access to the associated and cached
  // jQuery element
  // this.$elem.append('<p>'+msg+'</p>');
 }
};

// Object.create support test, and fallback for browsers without it
if ( typeof Object.create !== 'function' ) {
  Object.create = function (o) {
    function F() {}
    F.prototype = o;
    return new F();
  };
}

// Create a plugin based on a defined object
$.plugin = function( name, object ) {
 $.fn[name] = function( options ) {
  return this.each(function() {
   if ( ! $.data( this, name ) ) {
    $.data( this, name, Object.create(object).init(
    options, this ) );
   }
  });
 };
};

// Usage:
// With myObject, we could now essentially do this:
// $.plugin('myobj', myObject);

// and at this point we could do the following
// $('#elem').myobj({name: "John"});
// var inst = $('#elem').data('myobj');
// inst.myMethod('I am a method');
```

扩展阅读

- " Using Inheritance Patterns to Organize Large jQuery Applications " 作者

Alex Sexton

- " How to Manage Large Applications with jQuery or Whatever "（更进一步讨论）作者 Alex Sexton
- " Practical Example of the Need for Prototypal Inheritance "作者 Neeraj Singh
- " Prototypal Inheritance in JavaScript "作者 Douglas Crockford

11.7 jQuery UI 小部件工厂桥接

如果你喜欢最后一个设计模式中基于对象生成插件的概念，那么你可能会对 jQuery UI 小部件工厂中名为 $.widget.bridge 的方法很感兴趣。此桥接作为使用 $.widget 和 jQuery API 生成的 JavaScript 对象的中间层，它为实现基于对象的插件定义提供了更内置化的方案。实际上，我们可以使用自定义构造函数创建有状态的插件。

而且，$.widget.bridge 还提供多种其他功能，包括：

- 在经典 OOP 中，公有和私有方法统一处理（即公有方法是公开的，但不能调用私有方法）；
- 自动防止多次初始化；
- 自动生成传递对象实例，并保存在选择的内部 $.data 缓存中；
- 初始化后可以改变选项。

关于如何使用此模式的更多信息，请查看以下样板中的注释：

```
/*!
 * jQuery UI Widget factory "bridge" plugin boilerplate
 * Author: @erichynds
 * Further changes, additional comments: @addyosmani
 * Licensed under the MIT license
 */

// a "widgetName" object constructor
// required: this must accept two arguments,
```

```
// options: an object of configuration options
// element: the DOM element the instance was created on
var widgetName = function( options, element ){
 this.name = "myWidgetName";
 this.options = options;
 this.element = element;
 this._init();
}
// the "widgetName" prototype
widgetName.prototype = {

  // _create will automatically run the first time this
  // widget is called
  _create: function(){
    // creation code
  },

  // required: initialization logic for the plugin goes into _init
  // This fires when your instance is first created and when
  // attempting to initialize the widget again (by the bridge)
  // after it has already been initialized.
  _init: function(){
    // init code
  },

  // required: objects to be used with the bridge must contain an
  // 'option'. Post-initialization, the logic for changing options
  // goes here.
  option: function( key, value ){

    // optional: get/change options post initialization
    // ignore if you don't require them.

    // signature: $('#foo').bar({ cool:false });
    if( $.isPlainObject( key ) ){
      this.options = $.extend( true, this.options, key );

    // signature: $('#foo').option('cool'); - getter
```

```
    } else if ( key && typeof value === "undefined" ){
      return this.options[ key ];
    // signature: $('#foo').bar('option', 'baz', false);
    } else {
      this.options[ key ] = value;
    }

    // required: option must return the current instance.
    // When re-initializing an instance on elements, option
    // is called first and is then chained to the _init method.
    return this;
  },

  // notice no underscore is used for public methods
  publicFunction: function(){
    console.log('public function');
  },

  // underscores are used for private methods
  _privateFunction: function(){
    console.log('private function');
  }
};

// usage:

// connect the widget obj to jQuery's API under the "foo" namespace
// $.widget.bridge("foo", widgetName);

// create an instance of the widget for use
// var instance = $("#elem").foo({
//     baz: true
// });

// your widget instance exists in the elem's data
// instance.data("foo").element; // => #elem element
// bridge allows you to call public methods...
// instance.foo("publicFunction"); // => "public method"

// bridge prevents calls to internal methods
// instance.foo("_privateFunction"); // => #elem element
```

扩展阅读

- " Using $ widget.bridge Outside of the Widget Factory "作者 Eric Hynds

11.8　使用小部件工厂的 jQuery Mobile 小部件

jQuery Mobile 是一个框架，使用它可以设计出能在流行的移动平台和台式机上运行的 Web 应用程序。与为每一个设备或操作系统编写单独的应用程序不同，你只需编写一次代码，就能同时在 A、B 和 C 级浏览器上运行。

jQuery Mobile 背后的基础知识可以用于插件和小部件开发，和官方库套件中使用的核心 jQuery Mobile 小部件一样。有趣的是，尽管编写“移动”优化的小部件稍有不同，但如果熟悉使用 jQuery UI 小部件工厂，你应该能够马上开始编写这样的小部件。

以下的移动优化小部件与我们在前面看到的标准 UI 小部件模式有些不同：

- $ .mobile.widget 作为已有的继承小部件原型来引用。对于标准小部件，传递任何这样的原型对基本开发来说都并不必要，但使用此 jQuery Mobile 特定的小部件原型能进一步访问内部“选项”格式。
- 你会注意到，在 _create() 中有一个官方 jQuery Mobile 小部件处理元素选择的指南，它可以选择基于角色的方法，从而更适合 jQM (jQuery Mobile) 标记。这并不是说，我们就推荐使用标准选择，只是说该方法对于给定的 jQM 页面格式更适合。
- 另外 jQM 还以注释形式提供了将插件方法应用于页面创建和通过数据角色和数据属性选择插件应用程序的准则。

```
/*!
 * (jQuery mobile) jQuery UI Widget-factory plugin boilerplate (for 1.8/9+)
 * Author: @scottjehl
 * Further changes: @addyosmani
 * Licensed under the MIT license
 */

;(function ( $, window, document, undefined ) {
```

```
//define a widget under a namespace of your choice
//here 'mobile' has been used in the first parameter
$.widget( "mobile.widgetName", $.mobile.widget, {

  //Options to be used as defaults
  options: {
    foo: true,
    bar: false
  },

  _create: function() {
    // _create will automatically run the first time this
    // widget is called. Put the initial widget set-up code
    // here, then you can access the element on which
    // the widget was called via this.element
    // The options defined above can be accessed via
    // this.options

    //var m = this.element,
    //p = m.parents(":jqmData(role='page')"),
    //c = p.find(":jqmData(role='content')")
  },

  // Private methods/props start with underscores
  _dosomething: function(){ ... },

  // Public methods like these below can can be called
     // externally:
  // $("#myelem").foo( "enable", arguments );

  enable: function() { ... },

  // Destroy an instantiated plugin and clean up modifications
  // the widget has made to the DOM
  destroy: function () {
    //this.element.removeStuff();
    // For UI 1.8, destroy must be invoked from the
    // base widget
```

```
    $.Widget.prototype.destroy.call(this);
    // For UI 1.9, define _destroy instead and don't
    // worry about calling the base widget
  },

  methodB: function ( event ) {
    //_trigger dispatches callbacks the plugin user can
    // subscribe to
    //signature: _trigger( "callbackName" , [eventObject],
    //  [uiObject] )
    // eg. this._trigger( "hover", e /*where e.type ==
    // "mouseenter"*/, { hovered: $(e.target)});
    this._trigger('methodA', event, {
      key: value
    });
  },

  methodA: function ( event ) {
    this._trigger('dataChanged', event, {
      key: value
    });
  },

  //Respond to any changes the user makes to the option method
  _setOption: function ( key, value ) {
    switch (key) {
    case "someValue":
      //this.options.someValue = doSomethingWith( value );
      break;
    default:
      //this.options[ key ] = value;
      break;
    }

    // For UI 1.8, _setOption must be manually invoked from
    // the base widget
    $.Widget.prototype._setOption.apply(this, arguments);
    // For UI 1.9 the _super method can be used instead
```

```
      // this._super( "_setOption", key, value );
    }
  });

})( jQuery, window, document );
//usage: $("#myelem").foo( options );

/* Some additional notes - delete this section before using the
boilerplate.

 We can also self-init this widget whenever a new page in jQuery Mobile is
created. jQuery Mobile's "page" plugin dispatches a "create" event when a
jQuery Mobile page (found via data-role=page attr) is first initialized.

We can listen for that event (called "pagecreate" ) and run our plugin
automatically whenever a new page is created.

$(document).bind("pagecreate", function (e) {
  // In here, e.target refers to the page that was created
  // (it's the target of the pagecreate event)
  // So, we can simply find elements on this page that match a
  // selector of our choosing, and call our plugin on them.
  // Here's how we'd call our "foo" plugin on any element with a
  // data-role attribute of "foo":
  $(e.target).find("[data-role='foo']").foo(options);

  // Or, better yet, let's write the selector accounting for the
configurable
  // data-attribute namespace
  $(e.target).find(":jqmData(role='foo')").foo(options);
});

That's it. Now you can simply reference the script containing your widget
and pagecreate binding in a page running jQuery Mobile site, and it will
automatically run like any other jQM plugin.
 */
```

11.9　RequireJS 和 jQuery UI 小部件工厂

RequireJS 是一个脚本加载程序，可为将应用程序逻辑封装到可管理模块中提供整洁的解决方案。它能够以正确的顺序加载模块（通过顺序插件），它能通过其完善的优化程序简化组合脚本的过程，而且它具有根据每一个模块定义模块依赖性的功能。

James Burke 为如何使用 RequireJS 编写了完善的入门教程。但如果你已经很熟悉它，并想要将 jQuery UI 小部件或插件封装到兼容 RequireJS 的包装中，该如何做呢?

在以下的样板模式中，我们将演示如何定义能具备以下功能的兼容小部件：

- 在之前展示的 jQuery UI 样板基础上，定义小部件模块依赖性。
- 演示一个方法，可传递 HTML 模板资源，从而使用 jQuery（结合 JQuery tmp 插件）创建模板化小部件（查看 _create() 的注释）。
- 包含了如果想要将小部件模块传递给 RequireJS 优化程序所要进行的调整的小提示。

```
/*!
 * jQuery UI Widget + RequireJS module boilerplate (for 1.8/9+)
 * Authors: @jrburke, @addyosmani
 * Licensed under the MIT license
 */

// Note from James:
//
// This assumes you are using the RequireJS+jQuery file, and
// that the following files are all in the same directory:
//
// - require-jquery.js
// - jquery-ui.custom.min.js (custom jQuery UI build with widget factory)
// - templates/
//    - asset.html
// - ao.myWidget.js

// Then you can construct the widget like so:

//ao.myWidget.js file:
define("ao.myWidget", ["jquery", "text!templates/asset.html", "jquery-
ui.custom.min","jquery.tmpl"], function ($, assetHtml) {

  // define your widget under a namespace of your choice
```

```
// 'ao' is used here as a demonstration
$.widget( "ao.myWidget", {

  // Options to be used as defaults
  options: {},

  // Set up widget (e.g. create element, apply theming,
  // bind events, etc.)
  _create: function () {

    // _create will automatically run the first time
    // this widget is called. Put the initial widget
    // set-up code here, then you can access the element
    // on which the widget was called via this.element.
    // The options defined above can be accessed via
    // this.options

    //this.element.addStuff();
    //this.element.addStuff();
    //this.element.tmpl(assetHtml).appendTo(this.content);
  },
  // Destroy an instantiated plugin and clean up modifications
  // that the widget has made to the DOM
  destroy: function () {
    //t his.element.removeStuff();
    // For UI 1.8, destroy must be invoked from the base
    // widget
    $.Widget.prototype.destroy.call( this );
    // For UI 1.9, define _destroy instead and don't worry
    // about calling the base widget
  },

  methodB: function ( event ) {
    // _trigger dispatches callbacks the plugin user can
    // subscribe to
    //signature: _trigger( "callbackName" , [eventObject],
    // [uiObject] )
```

```
      this._trigger('methodA', event, {
        key: value
      });
    },

    methodA: function ( event ) {
      this._trigger('dataChanged', event, {
        key: value
      });
    },

    //Respond to any changes the user makes to the option method
    _setOption: function ( key, value ) {
      switch (key) {
      case "someValue":
        //this.options.someValue = doSomethingWith( value );
        break;
      default:
        //this.options[ key ] = value;
        break;
      }

      // For UI 1.8, _setOption must be manually invoked from
      // the base widget
      $.Widget.prototype._setOption.apply( this, arguments );
      // For UI 1.9 the _super method can be used instead
      //this._super( "_setOption", key, value );
    }

    //somewhere assetHtml would be used for templating, depending
    // on your choice.
  });
});

// If you are going to use the RequireJS optimizer to combine files
// together, you can leave off the "ao.myWidget" argument to define:
// define(["jquery", "text!templates/asset.html", "jquery-ui.custom.min
…
```

扩展阅读

- " Using RequireJS with jQuery "作者 Rebecca Murphey
- " Fast Modular Code with jQuery and RequireJS "作者 James Burke
- " jQuery's Best Friends "作者 Alex Sexton
- " Managing Dependencies with RequireJS "作者 Ruslan Matveev

11.10 全局和每次调用可重写模式(最佳选项模式)

对于下一个模式，我们将看看为插件配置选项和默认值的最佳方式。你所熟悉的定义插件选项的方式可能是将默认值的对象文字传递给 $ .extend，如基本插件样板所示。

但是，如果你所使用的插件有很多可定制选项，而且你希望用户能够在全局或每次调用的级别上重写，那么你可以稍微修改一下。

通过引用在插件命名空间（如 $ fn.pluginName.options）中显式定义的选项对象，并结合初始调用插件时传递的选项，用户既可以在插件初始化时传递选项，也可以在插件以外重写选项，如下所示。

```
/*!
 * jQuery 'best options' plugin boilerplate
 * Author: @cowboy
 * Further changes: @addyosmani
 * Licensed under the MIT license
 */

;(function ( $, window, document, undefined ) {

  $.fn.pluginName = function ( options ) {

    // Here's a best practice for overriding 'defaults'
    // with specified options. Note how, rather than a
    // regular defaults object being passed as the second
    // parameter, we instead refer to $.fn.pluginName.options
    // explicitly, merging it with the options passed directly
```

```
  // to the plugin. This allows us to override options both
  // globally and on a per-call level.

  options = $.extend( {}, $.fn.pluginName.options, options );

  return this.each(function () {

    var elem = $(this);

  });
 };

 // Globally overriding options
 // Here are our publicly accessible default plugin options
 // that are available in case the user doesn't pass in all
 // of the values expected. The user is given a default
 // experience but can also override the values as necessary.
 // eg. $fn.pluginName.key ='otherval';

 $.fn.pluginName.options = {

   key: "value",
   myMethod: function ( elem, param ) {

   }
 };

})( jQuery, window, document );
```

扩展阅读

- " jQuery Pluginization and the Accompanying Gist "作者 Ben Alman

11.11 高度可配置的和可变的插件

与 Alex Sexton 的模式一样，以下插件的模式并不是嵌套在 jQuery 插件本身中。我们使用原型定义中的构造函数和对象文字来定义插件逻辑，使用 jQuery 进行插件对象的实际初始化。

通过采用两个小技巧，使自定义进入下一级别，其中一个你已经在之前的模式中见过：

- 选项可以在全局范围或针对每一个元素集合重写；
- 选项可以通过 HTML5 数据属性在每个元素级重写（如下所示），这可以让插件的行为应用到集合元素中，然后内联自定义，而不需要用不同的默认值实例化每个元素。

你在其他地方并没看到后一个选项，但此方案还可以再简洁一些（只要你不介意使用内联方法）。如果你想知道这可以用在什么地方，那么设想一下为一个很大的元素集合编写一个可拖动插件。你可以像这样自定义它的选项：

```
javascript
$('.item-a').draggable({'defaultPosition':'top-left'});
$('.item-b').draggable({'defaultPosition':'bottom-right'});
$('.item-c').draggable({'defaultPosition':'bottom-left'});
//etc
```

但如果使用我们的模式内联方法，就可以像这样：

```
javascript
$('.items').draggable();

html
<li class="item" data-plugin-options='{"defaultPosition":"to
div>
<li class="item" data-plugin-options='{"defaultPosition":"bottom-left"}'></
div>
```

自定义的方式有很多。你可能偏爱其中一个方法，但应该知道还可以使用另一种模式。

```
/*
* 'Highly configurable' mutable plugin boilerplate
* Author: @markdalgleish
* Further changes, comments: @addyosmani
* Licensed under the MIT license
*/

// Note that with this pattern, as per Alex Sexton's, the plugin logic
// hasn't been nested in a jQuery plugin. Instead, we just use
// jQuery for its instantiation.
```

```
;(function( $, window, document, undefined ){

 // our plugin constructor
 var Plugin = function( elem, options ){
   this.elem = elem;
   this.$elem = $(elem);
   this.options = options;

   // This next line takes advantage of HTML5 data attributes
   // to support customization of the plugin on a per-element
   // basis. For example,
   // <div class=item' data-plugin-options='{"message":"Goodbye
World!"}'></div>
   this.metadata = this.$elem.data( 'plugin-options' );
  };

 // the plugin prototype
 Plugin.prototype = {
 defaults: {
  message: 'Hello world!'
 },

 init: function() {
  // Introduce defaults that can be extended either
  // globally or using an object literal.
  this.config = $.extend({}, this.defaults, this.options,
  this.metadata);

  // Sample usage:
  // Set the message per instance:
  // $('#elem').plugin({ message: 'Goodbye World!'});
  // or
  // var p = new Plugin(document.getElementById('elem'),
  // { message: 'Goodbye World!'}).init()
  // or, set the global default message:
  // Plugin.defaults.message = 'Goodbye World!'

  this.sampleMethod();
```

```
     return this;
    },

    sampleMethod: function() {
     // eg. show the currently configured message
     // console.log(this.config.message);
    }
   }
     new Plugin(this, options).init();
    });
   };

   //optional: window.Plugin = Plugin;

  })( jQuery, window , document );
```

扩展阅读

- " Creating Highly Configurable jQuery Plugins "作者 Mark Dalgleish
- " Writing Highly Configurable jQuery Plugins, Part 2 "作者 Mark Dalgleish

11.12 兼容 AMD 和 CommonJS 的模块

虽然以上介绍的大多数插件和小部件模式都可供一般用户使用，但各自都有注意事项。有些需要 jQuery 或 jQuery UI 小部件工厂才能起作用，而有些则很容易使用，可兼容客户端和其他环境。

因此，很多开发者，包括我、CDNJS 维护者 Thomas Davis 和 RP Florence 都在寻求 AMD（异步模块定义）和 CommonJS 模块规范，从而希望扩展样板插件模式，使它只处理包和依赖性。John Hann 和 Kit Cambridge 也在这方面进行了探索。

11.12.1 AMD

AMD 模块格式（定义模块和依赖性均可异步加载的规范）有很多优势，包括它本质上就是异步的，而且具有高度灵活性，从而消除了代码和模块标识间常有的紧耦合关系。它被认为是通向 ES Harmony 所倡导的“模块系统”

的坚实基础。

在使用异步模块时，模块的标识是 DRY，因此它对于避免文件名和代码的重复无足轻重。由于代码可移植，因此可以轻易移动到其他位置，而无需修改代码本身。开发人员只要使用在 CommonJS 环境下的 AMD 优化器，如 r.js，就能在多种环境下运行同样的代码。

关于 AMD，你需要知道两个重要的概念，分别是 require 方法和 define 方法，它们可实现模块定义和依赖性加载。define 方法用来根据规范定义已命名和未命名模块，通过使用以下签名：

```
define(module_id /*optional*/, [dependencies], definition function /
*function for instantiating the module or object*/);
```

如内联注释中所示，模块 ID 是一个可选参数，只有在使用非 AMD 连接工具时才需要它（在其他边缘情况下也可能有用）。不使用模块 ID 的一个好处就是可以将模块在文件系统中移动而无需修改其 ID。模块 ID 相当于简单包中的文件夹路径，并且当不在包中使用该路径时可使用该 ID。

依赖性参数表示你所定义的模块中需要的依赖性数组，而第三个参数 (factory) 是用来初始化模块的函数。准系统模块定义如下所示。

```
// Note: here, a module ID (myModule) is used for demonstration
// purposes only

define('myModule', ['foo', 'bar'], function ( foo, bar ) {
  // return a value that defines the module export
  // (i.e. the functionality we want to expose for consumption)
  return function () {};
});

// A more useful example, however, might be:
define('myModule', ['math', 'graph'], function ( math, graph ) {
  return {
      plot: function(x, y){
          return graph.drawPie(math.randomGrid(x,y));
      }
  };
});
```

另一方面，require 方法通常用于将代码加载到你希望动态获取依赖性的顶层 JavaScript 文件或模块。以下是用法示例：

```
// Here, the 'exports' from the two modules loaded are passed as
// function arguments to the callback

require(['foo', 'bar'], function ( foo, bar ) {
    // rest of your code here
});

// And here's an AMD-example that shows dynamically loaded
// dependencies

define(function ( require ) {
  var isReady = false, foobar;

  require(['foo', 'bar'], function (foo, bar) {
    isReady = true;
    foobar = foo() + bar();
  });
  // We can still return a module
  return {
    isReady: isReady,
    foobar: foobar
  };
});
```

以上只是如何使用 AMD 模块的一个小例子，但足以帮助你了解其基本用法。很多大型应用程序和公司现在采用 AMD 模块作为其架构一部分，包括 IBM 和 BBC iPlayer。在 Dojo 和 CommonJS 社区中，对其规范的探讨已历时一年多，因此它也在不断发展和改善中。关于为什么很多开发人员选择在应用程序中使用 AMD 模块，你可以读一读 James Burke 的文章 " on Inventing JS Module Formats and Script Loaders " 。

很快，我们将看到如何编写使用 AMD 和其他模块格式及环境的全局兼容模块，它的功能更加强大。在此之前，我们先简要讨论另一个相关的模块格式，即 CommonJS 规范。

11.12.2 CommonJS

可能你还不熟悉它，CommonJS 是一个设计、原型化和标准化 JavaScript API 的工作组。到目前为止，它正准备批准模块和包的标准。CommonJS 模块建议用一个简单的 API 定义服务器端模块，但 John Hann 说得很对，在浏览器中使用 CommonJS 模块只有两种方式：打包，或者打包。

这里的意思是我们可以让浏览器打包模块（可能会很慢）或在构造时打包模块（在浏览器中执行很快，但需要经过构造步骤）。

但有些开发人员觉得 CommonJS 更适合服务器端开发，这也是目前有人不同意将哪一种格式作为前 Harmony 时代事实标准的原因之一。反对 CommonJS 的意见之一是，很多 CommonJS API 实现面向服务端的功能，而这些功能无法用 JavaScript 在浏览器端实现。例如，io、system 和 js 从函数本质上无法实现。

也就是说，知道如何构建 CommonJS 模块非常有用，我们可以更好地了解如何使用在其他地方定义的模块。在客户端和服务器端都可以应用的模块有验证、转换和模板引擎。当模块可以在服务器端环境下使用时，开发者选择 CommonJS 或者选择 AMD。

由于 AMD 模块能够使用插件，而且可以定义更精细的内容，如构造函数和函数，这很有用。CommonJS 模块能够定义那些使用起来很繁琐的对象，而你可能只是从其中获取构造函数。

从结构角度看，CommonJS 模块是可重用的 JavaScript 片段，它能让任意独立代码使用特定对象，但通常没有此类模块的函数包装。有很多很好的实现 CommonJS 的教程，总体来看，此模块基本包含两个主要部分：一个名为 exports 的变量，它包含了模块让其他模块可用的对象；以及一个 require 函数，模块可用它来导入其他模块的导出内容。

```
// A very basic module named 'foobar'
function foobar(){
    this.foo = function(){
        console.log('Hello foo');
    }

    this.bar = function(){
```

```
        console.log('Hello bar');
    }
}

exports.foobar = foobar;

// An application using 'foobar'

// Access the module relative to the path
// where both usage and module files exist
// in the same directory

var foobar = require('./foobar').foobar,
  test   = new foobar.foo();

test.bar(); // 'Hello bar'
```

有很多很好的 JavaScript 库可处理以 AMD 和 CommonJS 格式加载的模块，但我偏爱 RequireJS（curl.js 也很可靠）。关于这些工具的完整教程已超出本书范围，我推荐阅读 John Hann 所写的文章 " curl.js:Yet Another AMD Loader " 和 James Burke 所写的文章 " LABjs and RequireJS:Loading JavaScript Resources the Fun Way "。

通过以上的介绍，我们能定义和加载那些兼容 AMD、CommonJS 和其他标准的插件模块，而这些标准又兼容不同环境（客户端、服务器端等等），这不是很棒吗？我们关于 AMD、UMD（通用模块定义）插件和小部件的工作还处在起步阶段，但我们希望能开发出实现该功能的解决方案。

我们正在使用的模式如下所示，它具有如下特性：

- 核心 / 基插件加载到 $.core 命名空间中，它可以很容易地使用插件通过命名模式进行扩展。通过脚本标记加载的插件会自动在内核（即 $.core.plugin.methodName()）中产生一个命名空间。
- 该模式很好使用，因为插件扩展可以访问基类中定义的属性和方法，或通过一些小小的修改，覆盖默认行为，实现更多功能。

usage.html

```
<script type="text/javascript" src="http://code.jquery.com/
jquery-1.6.4.min.js "></script>
<script type="text/javascript" src="pluginCore.js"></script>
<script type="text/javascript" src="pluginExtension.js"></script>

<script type="text/javascript">

$(function(){

  // Our plugin 'core' is exposed under a core namespace in
  // this example, which we first cache
  var core = $.core;

  // Then use use some of the built-in core functionality to
  // highlight all divs in the page yellow
  core.highlightAll();

  // Access the plugins (extensions) loaded into the 'plugin'
  // namespace of our core module:

  // Set the first div in the page to have a green background.
  core.plugin.setGreen("div:first");
  // Here we're making use of the core's 'highlight' method
  // under the hood from a plugin loaded in after it

  // Set the last div to the 'errorColor' property defined in
  // our core module/plugin. If you review the code further down,
  // you'll see how easy it is to consume properties and methods
  // between the core and other plugins
  core.plugin.setRed('div:last');
});

</script>
```

pluginCore.js

```
// Module/Plugin core
// Note: the wrapper code you see around the module is what enables
// us to support multiple module formats and specifications by
// mapping the arguments defined to what a specific format expects
```

```
// to be present. Our actual module functionality is defined lower
// down, where a named module and exports are demonstrated.
//
// Note that dependencies can just as easily be declared if required
// and should work as demonstrated earlier with the AMD module examples

(function ( name, definition ){
 var theModule = definition(),
   // this is considered "safe":
   hasDefine = typeof define === 'function' && define.amd,
   // hasDefine = typeof define === 'function',
   hasExports = typeof module !== 'undefined' && module.exports;

  if ( hasDefine ){ // AMD Module
   define(theModule);
  } else if ( hasExports ) { // Node.js Module
   module.exports = theModule;
  } else { // Assign to common namespaces or simply the global object
(window)
   (this.jQuery || this.ender || this.$ || this)[name] = theModule;
  }
})( 'core', function () {
   var module = this;
   module.plugins = [];
   module.highlightColor = "yellow";
   module.errorColor = "red";

  // define the core module here and return the public API

  // This is the highlight method used by the core highlightAll()
  // method and all of the plugins highlighting elements different
  // colors
  module.highlight = function(el,strColor){
   if(this.jQuery){
    jQuery(el).css('background', strColor);
   }
  }
  return {
    highlightAll:function(){
```

```
    module.highlight('div', module.highlightColor);
    }
  };

});
```

pluginExtension.js

```
// Extension to module core

(function ( name, definition ) {
  var theModule = definition(),
    hasDefine = typeof define === 'function',
    hasExports = typeof module !== 'undefined' && module.exp

  if ( hasDefine ) { // AMD Module
    define(theModule);
  } else if ( hasExports ) { // Node.js Module
    module.exports = theModule;
  } else { // Assign to common namespaces or simply the glob
(window)

    // account for for flat-file/global module extensions
    var obj = null;
    var namespaces = name.split(".");
    var scope = (this.jQuery || this.ender || this.$ || this
    for (var i = 0; i < namespaces.length; i++) {
      var packageName = namespaces[i];
      if (obj && i == namespaces.length - 1) {
        obj[packageName] = theModule;
      } else if (typeof scope[packageName] === "undefined")
        scope[packageName] = {};
      }
      obj = scope[packageName];
    }

  }
})('core.plugin', function () {
```

```
    // Define your module here and return the public API.
    // This code could be easily adapted with the core to
    // allow for methods that overwrite and extend core functionality
    // in order to expand the highlight method to do more if you wish.
    return {
      setGreen: function ( el ) {
        highlight(el, 'green');
      },
      setRed: function ( el ) {
        highlight(el, errorColor);
      }
    };

});
```

尽管这已经超过本文的范围，你也许注意到，在讨论 AMD 和 CommonJS 时，涉及不同类型的 require 方法。

有关类似的命名转换的担心，一定会引起混乱，目前社区在全局 require 函数的价值上产生分歧。John Hann 的建议是不要将其称为 require，因为无法让用户知道全局和内部 require 的区别，将全局加载方法改为其他名称（如库的名称）可能更好。因此，curl.js 使用 curl，RequireJS 使用 requirejs。

以后可能会对此进行专门讨论，但我希望此处对两个模块的简要介绍能增进你对这些格式的理解，激发你进一步探索并在你的应用程序中试验的兴趣。

扩展阅读

- "Using AMD Loaders to Write and Manage Modular JavaScript"作者 John Hann
- "Demystifying CommonJS Modules"作者 Alex Young
- "AMD Module Patterns:Singleton"作者 John Hann
- "Current Discussion Thread about AMD- and UMD-style modules for jQuery plugins"作者 GitHub
- "Run-Anywhere JavaScript Modules Boilerplate Code"作者 Kris Zyp

- " Standards and Proposals for JavaScript Modules and jQuery " 作者 James Burke

11.13 优秀 jQuery 插件必备要素

到目前为止，模式只是插件开发的一个方面。在本文结束之前，给出一些选择第三方插件的标准，这可以帮助开发人员编写插件。

11.13.1 质量

尽量遵守你编写 JavaScript 和 jQuery 的最佳实践。你的方案是最优的吗？他们是否符合 jQuery 核心样式指南？如果不是，那么你的代码是否至少整洁而且可读？

11.13.2 兼容性

你的插件兼容哪个版本的 jQuery？是否测试了最新版本？如果插件用 jQuery 1.6 之前版本编写，那么属性方面可能有问题，因为此版本中获取属性的方式已经改变。新版本的 jQuery 做出了改进，并且让 jQuery 项目能够改进内核库提供的内容。但改进的过程中，还有一些不足（主要版本中）。我希望插件作者在需要时更新插件，或至少测试新版本，从而确保一切正常。

11.13.3 可靠性

你编写的插件一定要经过单元测试。这样不仅确保插件正常工作，而且可以改善设计，而不会影响最终用户。我认为单元测试对于那些用在生产环境的 jQuery 插件非常必要，而且编写单元测试并不难。关于带有 Qunit 的自动化 JavaScript 测试的指南，你可以参阅 Jorn Zaefferer 所写的 " Automating JavaScript Testing with Qunit "。

11.13.4 性能

如果插件需要执行带有很大计算量或频繁操作 DOM 的任务，那么你需要遵循尽量降低负担的最佳实践。你可以使用 jsPerf.com 来测试代码片段从而在发布插件之前知道它在不同浏览器下的性能。

11.13.5 文档

如果你想要其他开发人员能使用你的插件，那请确保其拥有详细的文档。为你的 API 编写文档。该插件支持什么方法和选项？用户有什么注意事项需要知道吗？如果用户不知道如何使用你的插件，他们有可能去寻找替代方案。另外，尽量给代码加上注释。这是你所能提供给用户的最好的礼物。如果有人觉得能看懂你的代码，并进行修改或改善，那说明你的工作已经做到位了。

11.13.6 维护的可能性

在发布插件时，估计一下你可能要花多少精力来进行维护和支持。我们都愿意与社区共享插件，但你需要预估一下能花多少精力来回答疑问、解决问题和做出改善。你只需在 README 文件中简述你关于维护的打算，让用户决定是否自行修复。

11.14 总结

我们已经探讨了几个可节省时间的设计模式和最佳实践，它们可用来改善你的插件开发过程。其中一些更适合某些用例，但我也希望这些流行的插件和小部件的各个代码注释对你同样有所帮助。

请记住，在选择模式时，实用第一，不要在使用模式时忘了为什么用它。要花些时间研究底层结构，并了解它能多大程度解决你的问题或适合你所构建的组件。选择最适合你的模式。

第12章 jQuery 插件清单：是否应该使用 jQuery 插件？

Jon Raasch

jQuery 插件为节省时间并简化开发提供很好的方式，让程序员不必从头开始构建每一个组件。但是，插件也有缺点，会将不确定因素引入代码库。一个好的插件可以节省大量的开发时间，一个不好的插件会造成修复 bug 的时间比从头开始构建的时间还长。

幸运的是，通常我们有许多不同的插件可供选择。但即使只有一个，也要明确它是否值得使用。你一定不愿意让糟糕的代码进入你的代码库中。

12.1 究竟需不需要插件？

第一步是要弄清楚你究竟需不需要插件。如果不需要，那将会节省文件大小和时间。

1. 自己编写是不是更好？

如果功能很简单，那么你可以考虑自己编写。jQuery 插件经常会捆绑了多种特性，这可能会不适合你的实际情况。在这种情况下，手工编写一些简单的功能会更有意义。当然，要衡量其收益和工作量。

例如，如果你需要高级功能，jQuery UI 的 accordion 就非常好，但如果你只需要一个可打开和关闭的面板，这就显得多余了。如果网站其他地方没用到 jQuery UI，那么考虑使用本机的 jQuery slideToggle() 或 animate()。

2. 与已使用的插件类似吗？

如果发现某一个插件不能满足你所有需要，再找一个插件解决其他的零碎问题，这主意听起来很棒。但一个应用程序中包含两个类似的插件肯定会造成 JavaScript 结构臃肿。

你能找到一个解决你所有需要的插件吗？如果不能，能否扩展已有插件以包含所有需求？在决定是否扩展已有插件时，再权衡一下收益和开发时间。

例如，jQuery lightbox 适合用于图库中弹出照片，simpleModal 适合向用户显示模式消息，那为什么不在同一个网站中同时使用这两个呢？你可以轻松扩展其中一个，包含这两个用途。更好的是，找到另一个满足所有用途的插件，如 Colorbox。

3. 需不需要 JavaScript？

有些情况下，根本不需要 JavaScript。CSS 操作符，如 hoverand CSS3 transitions 包含很多动态功能，而且比相应的 JavaScript 方案快得多。此外，很多插件只是应用样式，使用标记和 CSS 来完成这些更好。

例如，如果有动态内容，并需要有位置合适的工具提示，那么像 jQuery Tooltip 这样的插件必不可少。但如果只是在一些选择位置有工具提示，那么使用纯 CSS 更好（见本例）。你可以进一步改进静态工具提示，使用 CSS 过渡给它加上动画效果，但要记住此动画只能在某些浏览器中正常显示。

12.2　避免红色警告

在检查插件时，如果看到一些警告信号，往往表明质量较差。此处，我们将看看插件的各个方面，从 JavaScript 到 CSS，再到标记。我们还会考虑如何发布插件。仅有这些红色警告中的一项还不足以淘汰一个插件。一分价钱一分货。有可能你没花一分钱，那么可能愿意承担它的不足。

如果足够幸运，有一个以上的选择，那么这些警告信号可以帮助你缩小选择范围。但是，即使你只有一个选择，如果出现太多红色警告，还是应该放弃它，防患于未然。

4. 糟糕的选项或参数语法

在使用 jQuery 一段时间后，开发人员开始体会大多数函数如何接收参数。如果一个插件开发人员使用不常见的语法，那代表着他们还没有很多 jQuery 或 JavaScript 经验。

有些插件接受 jQuery 对象作为参数，但不允许传递此对象。如：$.myPlugin($('a')), 但不能是$('a').myPlugin()，这是很大的红色警告。

可行的做法是使插件格式如下所示。

```
$('.my-selector').myPlugin({
 opt1 : 75,
 opt2 : 'asdf'
});
```

也可以这样：

```
$.myPlugin({
 opt1 : 75,
 opt2 : 'asdf'
}, $('.my-selector'));
```

5. 几乎没有文档

如果没有文档，那么插件会难以使用，因为这是你寻找问题答案的第一个地方。文档有多种不同格式，合适的文档最好，但注释良好的代码也可以。如果没有文档，或仅仅是带有一个简单例子的博客文章，那么你可能要考虑选择其他插件。

好的文档说明插件作者重视像你一样的用户。这也表明，他们已经深入研究其他插件，从而知道优秀文档的价值。

6. 糟糕的支持历史

缺乏支持意味着当问题发生时难以寻求帮助。更值得关注的是，这表明插件在一段时间一直未更新。开源软件的优势之一就是所有人都可以对其进行调试并改进。如果作者从不与这些人交流，那插件本身也不会成长。

你插件最后一次更新是什么时候？最后一次解答支持请求是什么时候？尽管不是所有插件都需要像 jQuery 插件网站一样强大的支持，但有很多插件从未修改过。

用文档记载支持历史，并且作者对错误和改进请求都做出回应，这是一个绿色放心标志。如果有支持论坛，则进一步表明该插件具有很好的支持，如果作者不提供支持，至少有社区提供支持。

7. 无精简版

虽然这是一个很小的红色警告，但如果插件的创建者不提供带有源代码的精简版，那么说明他可能不会太在意性能。当然，你可以自己压缩，但是这个红色警告并不是时间的浪费，而是插件可能包含更糟的性能问题。

另一方面，在下载包中提供一个精简、打包和经过 gzip 压缩的版本表明作者关心 JavaScript 性能。

8. 奇怪的标记要求

如果插件需要标记，那么标记的质量要高。它应当具有语义含义并且需足够灵活以满足你的用途。奇怪的标记不仅表明较差的前端性能，而且使集成更加困难。一个很好的标记能放入你使用的任何插件中，坏的标记会给你带来很大麻烦。

在某些情况下，需要更严格的标记，所以要灵活判断。基本上，功能越具体，需要的标记就越具体。从 jQuery 选择器继承而来的完全灵活的标记最容易集成。

9. 过多的 CSS

很多 jQuery 插件与 CSS 一起打包，而样式表的质量和 JavaScript 一样重要。过多的样式肯定意味着糟糕的 CSS。但什么是“过度”取决于插件的用途。如显示的内容量很大，像 lightbox 或 UI 插件，需要的 CSS 东西比驱动一个简单的动画更多。

好的 CSS 能给插件内容有效地加上样式，同时能让你容易修改样式以适应你的主题。

10. 没人使用

随着 jQuery 的用户越来越多，肯定会有文章介绍最常用的插件，即使是一篇标题为“50 个 jQuery 插件”的帖子。用 Google 搜索一下此插件，如果结果很少，那么你可能要考虑选择其他，除非该插件是全新的，或者你确认它是由专业人士编写的。

知名博客上的帖子就行，优秀的 jQuery 程序员更好。

12.3　最终评估

仔细审察插件之后，最后只剩下接入实际环境，测试它的运行情况。

11. 接入实际环境看看

也许测试插件最好的方法就是将它接入开发服务器，看看运行结果如何。首先，它是否破坏其他内容？一定要看看附近区域的 JavaScript。如果插件包括一个样式表，那么在所有应用样式表的页面上看看有没有布局和样式错误。

另外，插件性能如何？如果它运行很慢，或者页面明显延迟，那么就要考虑其他选择。

12. 使用 jsPerf 进行基准测试

要进一步检查性能，可以使用 jsPerf 进行基准测试。基准测试一般会执行几次操作，然后返回执行时间的平均值。jsPerf 提供了一个简单的方法来测试插件运行多快。这是一个在两个看似相同的插件之间进行选择的很好的方法。

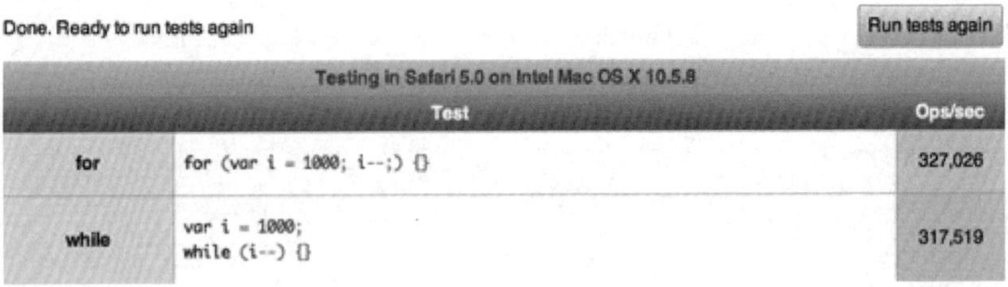

Done. Ready to run tests again　　Run tests again

Testing in Safari 5.0 on Intel Mac OS X 10.5.8		
	Test	Ops/sec
for	for (var i = 1000; i--;) {}	327,026
while	var i = 1000; while (i--) {}	317,519

运行在 jsPerf 中的示例性能测试

13. 跨浏览器测试

如果插件有很多 CSS，一定要在所有你想要支持的浏览器上测试样式。请记住，CSS 可以从外部样式表或 JavaScript 内部绘制。

即使插件没有任何样式，也要检查跨浏览器 JavaScript 错误（至少检查你要支持的最早版本的 IE 浏览器）。jQuery 内核能处理大多数跨浏览器问题，但插件肯定会使用一定量的纯 JavaScript，这些往往不支持老的浏览器。

14. 单元测试

最后你可能会使用单元测试进行进一步的跨浏览器测试。单元测试提供了一个简单的方法来测试你要支持的任何浏览器或平台中的各个插件组件。如果插件作者在发布前进行了单元测试，那么你可以确定所有组件都能跨浏览器、跨平台工作。

不幸的是，很少有插件包含单元测试数据，但这并不意味着你无法使用 QUnit 插件自己进行单元测试。

在最低安装下，你可以测试插件方法是否返回想要的结果。如果其中一个测试失败，那就不要在此插件上浪费时间了。大多数情况下，自己执行单元测试有些多余，但 QUnit 能帮助你在需要时确定插件的质量。关于如何使用 QUnit 的更多信息，请参阅此教程。

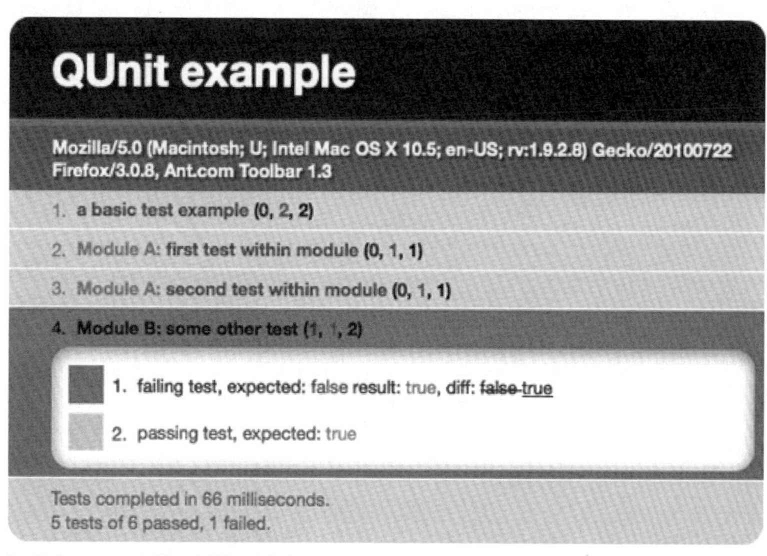

运行在 QUnit 中的示例单元测试

12.4 总结

在评估 jQuery 插件质量时，查看各个层的代码。JavaScript 是否得到优化并且无错误？ CSS 是否经调整并且有效？标记是否有语义？是否拥有你所需的灵活性？这些问题均指向一个最重要的问题：该插件是否易于使用？

jQuery 插件是否已通过核心团队和整个 jQuery 社区进行优化并进行 bug 检查？按自己的标准来要求 jQuery 插件有点不公平，它们至少应该经得起某些审查。